인문학적 여행
이스탄불과 동유럽 5국

이화춘 지음

인문학적 여행

이스탄불과 동유럽 5국

튀르키예, 오스트리아, 슬로베니아, 크로아티아, 헝가리, 체코
6개국의 매력을 한 권에 담았습니다.

생각나눔

여행을 통해 발견한 동유럽의 역사와 문화

　　　　　아카시아가 꽃이 피어나고 플라타너스 잎이 초록으로 물드는 이 계절과 같은 시간이 많이 지났다. 춘천 중앙로에 있는 가로수를 보면서 톱카프 궁전 뜰에 서있는 빌딩 같은 플라타너스처럼 큰 나무가 되려면 더 많은 노력과 정성을 기울여야 할 것 같다는 생각을 해왔다. 시간을 달려 여행했던 기억을 되살리고자 시작한 작업이 2년이나 흘러갔다. 동유럽을 갔었던 날들은 더 오래되었다. 처음에는 해외여행 자료를 버리기 아까워서였지만 무언가 새로움을 더해야 한다는 압박감이 작업 시간을 더하여 갈수록 다가왔다.

　　동유럽을 갔었던 시기는 유월이었다. 유난히도 파란 하늘, 하얀 구름이 끝없이 펼쳐진 지평선과 함께 각인되었던 맑은 날들이었다. 튀르키예 이스탄불을 갔었던 것은 가을이었다. 성당과 궁전, 시장에서 눈을 의심케 하는 장식품, 보석들이 셔터를 누르게 했다. 가는 곳마다 다양하고 화려한 실크 제품과 카펫이 있고, 각양각색의 향신료와 차(茶)가 있었다. 자연 속의 기기묘묘한 버섯 모양 암석들은 발걸음을 사로잡았고, 보스포루스 해협에서 불어오는 바람이 잔 여울처럼 흔들리고 있었다.

공직을 마무리하면서 새로운 시작을 알리는 멘트를 담아야 한다는 부담감에 터키 역사를 뒤집어 보게 되었고, 그것이 중앙아시아와 투르크족에 대한 발자취를 따라 실크로드까지 연결하게 되었다. 아내의 성화에 못 이겨 가게 된 이스탄불은 놀라움의 연속이었다. 두바이를 거쳐 이스탄불 공항에 도착했을 때 인천공항과 비교하여 보던 생각이 도리어 나에게 동기부여가 되었다. 삶은 나와의 끊임없는 싸움이고, 진화를 위한 도전이다. 노마드 투르크족을 따라가는 것은 단순히 민족의 이동을 넘어 인류 생존의 역사와 같았다. 안드로이드 인간은 이제 더 이상 자신의 경험만으로 움직이지 않는다.

한 곳에 성당과 모스크가 있는 이스탄불은 튀르키예가 이슬람을 국교로 하지 않고 세속주의를 천명하고 있는 단면이다. 수천 명이 동시에 예배를 보던 장소에서 모스크로 바뀌었고 이어서 박물관으로 운영되고 있는 성 소피아 성당, 이스탄불 튀르키예 이슬람의 대명사라고 할 수 있는 블루모스크에서 종교적 자유와 융합이 원형 돔을 올려다보는 마음과 다를 바 없었다. 톱카프 궁전에서 내려다보는 골든 혼의 바다, 지정학적으로 동·서양의 문물이 교차할 수밖에 없는 보스포루스 해협이 전략적 요충지가 될 수밖에 없는 이유이다. 그래서 오스만 제국은 콘스탄티노플을 점령하여 수도로 정하고 이스탄불로 만든 것이다.

이스탄불은 동로마 제국과 오스만 제국을 거치면서 1,600여 년간 제국의 수도였다. 오스만 제국이 이스탄불을 거점으로 지중해의 패권을 잡고 동유럽으로 향하였다면 오스트리아 합스부르크 왕가는 신성로마제국 황제의 제위를 승계하면서 주변 지역을 속주로 만들어 640여 년간 휘하에 두었다. 이런 틈바구니에서 체코는 합스부르크의 종교적 탄압을 받게 되었고, 헝가리는 오스만 제국의 침입을 받게 되는 것이다. 부다 왕궁과 어부의 요새, 프라하 성과 카를교에서, 종교의 자유와 진실을 위하여 나아갔던 성인들을 그곳에서 확인할 수 있다. 카파도키아의 오묘한 자연은 자체가 박물관이지만 지하 도시에서는 종교 전쟁의 일면을 보는 것 같다.

쇤부른 궁전, 벨베데르 궁전, 잘츠부르크 등 결혼동맹으로 전쟁을 피하면서 신성로마제국의 황제를 이어간 합스부르크 왕가의 별장들은 오스트리아가 음악과 예술의 나라로 발전할 수 있는 공간이 되었다. 역사적으로 거장이 된 베토벤, 슈베르트, 요한시트라우스 등이 알프스 계곡을 따라 흐르는 강물에서 영감을 얻었고, 크림트와 에곤 실레는 인간의 영혼을 파고드는 걸작을 만들어 격정적인 삶의 모습들을 그림으로 담아냈다. 성곽으로 둘러싸인 겔레르트 언덕에서 전쟁의 역사를 보듯이, 아름다운 마을 체스키 클롬로프, 까를로비 바리에서 여행의 묘미를 조망할 수 있다. 로맨스 삼각관계를 다룬 영화, 「글루미 선데이」를 보면서 시대적 비애감을 느끼고, 선상 위에서 유유히 흐르는 아름답고 푸른 도나우강을 들으면서 유람선을 타는 것만으로도 감미롭다.

귀국하는 비행기에서 튀르키예 이스탄불과 헝가리, 체코, 크로아티아, 슬로베니아, 오스트리아의 여정을 생각해 보았다. 투르크족은 중앙아시아에서 아나톨리아 반도를 지나 이스탄불에 거점을 마련했고,

부다를 지나 오스트리아 빈까지 진격했었다. 실크로드의 종착역인 그랜드 바자르가 번창하면서 오스만 제국은 동유럽으로 진출할 수 있었다. 그러나 지나친 전선의 확대는 물자의 조달을 어렵게 하여 제국의 몰락을 가져오는 길을 자초했다. 게다가 권력다툼과 지배층의 분열, 황궁 건축에 따른 재정지출과 수탈로 국력을 모으기 어려웠다. 골든 혼의 톱카프 궁전과 보스포루스교 아래에 있는 돌마바흐체 궁전에 그 스토리가 숨겨져 있다.

이스탄불 그리고 빈, 블레드, 오파티야, 부다페스트, 프라하로 이어지는 여정은 역사적 사실 때문에 담담하였다. 지배와 속박에 대한 갈등은 앙금으로 남아있다가 돌발사건을 기화로 터지게 된다. 패권주의와 민족주의, 이데올로기로 촉발된 전쟁은 국토를 황폐화시키고 사람들을 궁핍하게 만든다. 전쟁은 이기거나 지거나 그 상처를 치유하기 어렵다. 평화롭고 자유로운 삶을 바라는 이들에게 필요한 것은 무엇인가? 여행은 출발할 때의 설렘이 있고, 귀국할 때의 안도감이 있다. 새로운 것을 보고 느끼는 감정, 식사 때의 즐거움, 숙소에서의 편안함 등등. 튀르키예 이스탄불과 오스트리아, 슬로베니아, 크로아티아, 헝가리, 체코를 여행하면서 인문학적 스토리와 함께 이런 것들을 발견했으면 좋겠다.

2024. 7. 1.

저자 이 화 춘

CONTENTS

PART 01　튀르키예 이스탄불

PART 02　오스트리아

PART 03   슬로베니아

PART 04 크로아티아

PART 05 헝가리

PART 06 체코

PART 01
튀르키예 이스탄불

Istanbul, Türkiye

이스탄불, 성 소피아 성당을 찾은 관람객들이 경이로움으로 원형돔 내부를 바라보고 있다.

튀르키예 기본 정보

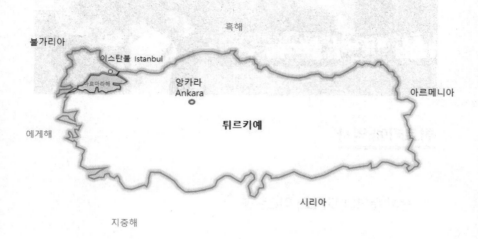

인 구	8478	만 명(2021년)
면 적	783,562	Km²
수 도	앙카라	
정치체제	공화제, 대통령제	
종 교	이슬람교(99.8%), 기독교(0.02%)	
언 어	튀르키예어	
통 화	튀르키예 리라(TRY)	
환 율	1리라(TRY)=66.51원	2023. 5. 28. 기준

튀르키예 역사

🖋 동서 문명의 교차로, 이스탄불

유럽과 아시아, 아시아와 유럽의 중간 교차로가 튀르키예다.

기원전부터 시작된 역사는 제국의 생로병사를 문명으로 남긴 채 여기에 남아있다. 서유럽에서 시작된 헬레니즘과 그리스도교가 이곳을 거점으로 번성했고, 중앙아시아 스텝 지역의 유목문화가 밀물처럼 쏟아져 들어와 이슬람과 융합되었다. 기원전 7400~6200년 사이 차탈회위크라는 신석기 시대의 거주지가 형성된 후 수많은 세력이 명멸하며 아나톨리아 문명을 만들었다. 기원전 1900년경 히타이트인들이 점령해서 세운 왕국은 기원전 1200년경 무너졌고, 이후 히타인들의 땅은 프리지아인과 리디아인들의 차지가 되었다. 기원전 6세기 페르시아의 아케메네스 왕조가 이 지역을 차지했다가 헬레니즘의 세력권에 들어갔고, 기원전 1세기경에는 로마가 아나톨리아를 차지하였다. 이후 비잔틴의 콘스탄티누스 대제가 콘스탄티노폴리스(지금의 이스탄불)를 수도로 하면서 아나톨리아는 제국의 흥망을 계속한다.

🖋 투르크 세력, 돌궐과 셀주크 제국

투르크(Turk)라는 명칭은 튀르키예 역사에서 가장 친밀한 단어이다. 돌궐, 셀주크 투르크, 오스만 튀르크, 터키 공화국, 튀르키예 등 발음이 투르크에서 기원하고 있다. 유목민족인 돌궐은 최초로 투르크라는 이름을 사용했고, 요동반도와 바이칼 호수까지 세력권에 두었다. 6세기 중반 돌궐족은 동북아시아에서 페르시아까지 광범위한 세력 확장을 이룬다. 589년에는 동돌궐과 서돌궐로 나누어져 동으로는 만주에서 알타이 산맥까지, 서로는 알타이 산맥 서쪽에서 아랄해와 페르시아 국경까지 넓혔다. 751년 탈라스 전투는 지금의 키르기스스탄 북서쪽 접경 지역에서의 전투로, 이슬람 압바스 왕조와 투르크 연합군이 당나라의 팽창에 대결한 싸움이다. 이 전투에서 텐산 산맥 북쪽의 유목민 카를룩족이 압바스 왕조와 연합함으로써 당나라를 패퇴시킨다. 돌궐의 멸망 이후 투르크 부족은 서쪽으로 이동해 이슬람권과 접촉하게 되고, 이 중 셀주크 부족이 지금의 이란 지역을 정복하고 소아시아로 이동할 수 있는 교두보를 확보한다. 11세기에 이르러 투르크 유목민의 한 부족인 오구즈족이 최초의 무슬림 왕조인 셀주크 제국으로 성장하여 14세기까지 중앙아시아와 서남아시아를 다스린다. 이들이 아나톨리아 세력의 시조가 되지만 셀주크 부족의 서진은 비잔틴과의 충돌을 일으켜 십자군 전쟁이 일어나고, 이어 셀주크 제국은 13세기부터 침입한 몽골 세력에 의해 쓰러지게 된다.

📝 지중해를 차지한 오스만 제국

셀주크 제국이 아나톨리아에서 망한 이후 여러 부족 국가가 나타나는데, 이 중에 투르크계 부족국가였던 오스만이 비잔틴의 마지막 수도이자 영토인 콘스탄티노플(이스탄불)을 점령하고 영토를 확장해 나간다. 오스만은 유럽 쪽으로는 헝가리와 보스니아, 크림반도까지, 아시아 쪽으로는 이란, 아프칸 지역까지, 북아프리카로는 이집트, 알제리, 튀니지까지 제국을 확장한다. 아나톨리아 작은 부족국가에서 출발한 오스만 왕조는 남쪽으로는 지중해, 북쪽으로는 흑해를 접하는 오스만 제국으로 발전한다. 이 오스만 제국은 비잔티움 제국과 동유럽의 기독교 세계를 정복하고, 맘루크 왕조 등 서아시아와 북아프리카의 이슬람 제국까지 통합한다.

처음 오스만 왕조를 세운 것은 12세기 아나톨리아의 동부와 중부를 차지한 카이족의 오스만 1세이다. 이들 오스만 세력은 비잔티움 제국에 대항해서 싸우는 투르크족 이슬람 전사들(ghazis, 가지스)과 영토를 확장해 나간다. 그리고 13~14세기 서부 아나톨리아와 비잔티움 제국의 남·동부 유럽을 점령하며 기독교를 신봉하는 발칸국과 동부 아나톨리아의 투르크멘 공국까지 차지한다. 1453년 비잔티움의 수도 콘스탄티노플을 정복하고, 16세기 말에는 발칸제국과 중부유럽의 헝가리, 서남아시아와 북아프리카 지역 대부분을 제국의 손에 넣게 된다. 비잔티움의 콘스탄티노플을 점령하고 오스만을 제국의 중심으로 만든 것은 메흐메트 2세(1444~1446, 1451~1481)다. 그는 데브쉬르메 그룹의 지지로 콘스탄티노플을 공략했다. 샤드(Shad)라 불리는 최신의 대포와 67척의 군함을 육지로 이동하는 전술로 난공불락의 비잔틴 성벽을 무너뜨렸다. 오스만의 전성기는 슐레이만 1세(1520~1566) 때 이다. 그는 투루크인들에 의해서 카누니(입법자)라고 불리며 진정한 의 미의 오스만 국가와 사회를 구축하고 동서정벌을 통해 오스만 최대의 영토를 이룩했다.

🖋 제국의 몰락

그러나 전쟁과 제위 다툼, 부패와 제도적 미비는 제국의 강건함을 서서히 약화시킨다. 오스만-합스부르크 전쟁(1591~1606)은 오스만 제 국의 전선을 흑해에서 크로아티아까지 연장하게 하는 부담을 안게 했 고, 내부적으로 술탄의 사후 권력 계승을 둘러싼 형제간의 투쟁은 제 국을 흔들리게 했다. 술탄의 즉위 과정에서의 빈번하게 일어나는 형 제 교살에 대하여 도덕적으로 현명한가에 대한 의문이 종교적으로 제 기되기도 했다. 봉건사회가 쇠퇴하는 시기에 대응하지 못한 토지제도 와 조세제도도 중앙의 집권을 약화시키고 있었다. 16~17세기 정치와 군부의 부패, 무질서는 제국을 기울어지게 했고, 유럽에 대한 정복 정 책이 비엔나 공격 실패로 이어지면서 유럽 전선은 붕괴하게 된다. 지 중해에서도 우위권이 약해져 갔고, 반오스만 유럽 동맹으로 이어진 러시아-오스트리아 공동전선은 크림으로 진입하여 흑해로 남하한다. 1783년 러시아는 폴란드와 크림을 합병한다. 오스만 제국은 제국의 말기 지방 군주와 오스만 변경 지대에서의 민족주의 봉기, 1804년 세 르비아 혁명 그리고 러시아와의 새로운 전쟁(1806~1812)으로 급격히

약화된다. 그리스, 루마니아, 세르비아, 몬테네그로가 독립하고 1908
년에는 불가리아, 1912년에는 알바니아가 떨어져 나간다. 19세기 말
에는 다민족의 종교와 자치권, 고유성을 보장해주는 '밀레트 체제'가
붕괴되기 시작했고, 제1차 세계대전에서 패배에 몰리자 아르메니아인
에 대한 민족적·종교적 박해로 이어져 비극적인 결과까지 초래했다.

　제국의 말기 러시아와의 전쟁에서 패배한 술탄 압둘하미드 2세의
보수적 중앙집권화 정치에 반대하는 청년투르크당은 술탄을 비판하
며 자유주의 사상을 확산시킨다. 러시아와 영국이 취한 마케도니아의
독립과 기독교인들 개혁에 대하여 군부의 쿠데타와 폭동이 일어나고,
구 정치 세력과 보수 종교계의 지지로 이어진다. 혼란 이후 새로운 연
합진보회 정권이 등장하지만, 미숙한 정치와 국제 정세에 대한 오판으
로 제1차 세계대전에서 독일 편에 참가하여 패전함으로써 청년투르크
당은 해산되고 오스만 제국은 종말을 맞이한다.

🖊 터키공화국, 튀르키예

　이제 오스만 제국의 땅은 전후 연합국에 점령되어 지배되고 통제된
다. 그러나 무스타파 케말(Mustapa Kemal)이 중심이 된 민족주의 운동
과 독립전쟁으로 국경선을 회복하게 되고, 1923년 10월 터키 공화국
이 성립되면서 케말은 초대 대통령이 된다. 튀르키예는 대통령 중심제
이며, 행정구역은 81개 주와 875개 시이다. 1924년 4월 20일 공화국
헌법이 제정·공포되며, 술탄제와 칼리프제는 폐지되고 이슬람 국교
조항은 삭제되었다. 케말 아타튀르크는 서구화와 세속화를 기본으로

하는 정치·경제·사회체제의 개혁을 이끌었고, 이 터키(Turkey, 변경 전 국가명칭) 공화국이 현재까지 이어져 오고 있다. 터키는 2022년 1월부터 튀르키예(Türkiye)로 국호를 바꾸어 사용하고 있다.

　오늘날 튀르키예는 대통령 중심제 국가이다. 모든 국민이 직접선거로 선출하며, 임기는 5년으로 중임이 가능하다. 2017년 개헌으로 의원내각제에서 대통령제로 전환되었다. 대통령은 당파를 초월하여야 하고 의회에 통과된 법률을 거부할 수 있으나 헌법을 수호하고 정부 기능이 적절히 작동하도록 해야 한다. 의회는 정당명부식 비례대표제로 구성되며, 의원은 550명으로 임기는 4년이다. 국민 대다수가 이슬람이지만 이슬람 율법을 따르지 않는다. 세속제 민주공화국가로 입법부, 행정부, 사법부가 독립되어 있다. 이슬람 사회이며 서양 국가이기도 한 동·서양의 완충 국가이다. UN, OECD, NATO 회원국이며, 이슬람회의기구(OIC) 회원국이다. 유럽연합(EU) 가입도 희망하고 있다.[1]

　수도 앙카라는 해발고도 914m에 위치한 정부의 소재지이고, 480만 명 이상의 인구를 자랑하고 있다. 에게해의 진주로 성서 시대 이후로 중요한 항구가 있는 도시 이즈미르는 세 번째로 큰 도시로 인구 360만 명이 살고 있다. 무엇보다 제국의 도시, 문화와 역사로 매혹적인 이스탄불은 인구 1,380만 명을 넘긴 튀르키예 최대의 도시이다.

---

1) 실럿 맥퍼스(2017),「터키」, 박수철 역, 서울: 시그마북스, pp.50-58.

이스탄불, 제국의 심장

인천에서 두바이를 거쳐 이스탄불에 도착했다. 오후 2, 3시쯤 되었을까? 날씨는 더웠다. 아기가 있고 유모차가 있어 대형 택시를 이용했다. 유모차를 접으려면 양쪽 손잡이를 잡고 당겼다가 누르면서 힘을 주어야 한다. 난 이게 안 되어서 출발 때부터 걱정이었다. 접고 펴기가 쉬워야 하는데 그게 잘 안 되어 아내가 항상 했다. 날씨는 뜨거운데 택시 운전기사는 에어컨을 켜지 않았다. 오래된 차라서 그런지 아기의 양 볼이 햇볕에 발갛게 달아올랐다. 이런 불편함 때문인지 이스탄불 공항은 인천 공항에 비해 한산했고, 낯설게 느껴졌다. 공항을 빠져나오는 첫인상은 그랬다. 아내는 이스탄불을 멋진 곳으로 생각하고 있었다.

이스탄불 메흐메트 대교

골든 혼

튀르키예의 수도는 앙카라이지만, 이스탄불은 여전히 동·서양의 중심지이고 아시아와 유럽의 통로이다. 중세 그리스어로 '도시로'란 뜻의 이스탄불은 유럽과 아시아 두 대륙을 연결하는 다리와 같다. 기원전 7세기 중엽 그리스인들이 이곳에 들어와 비잔틴이란 도시를 건설한 후 사람과 재물이 집중되는 항구도시가 되었다. 이 도시는 페르시아, 아라비아, 이집트, 북아프리카, 중앙아시아 등 전 세계에서 찾아온 상인들로 성시를 이뤘다. 두 제국의 수도로 명성을 이어온 도시답게 활기가 넘치고 고동치고 있었다.

골든 혼과 보스포루스 해협

골든 혼의 옛 이름은 크리소케라스였다. 크리소는 '금'이라는 뜻이고, 케라스는 '뿔'이라는 뜻으로 골든 혼이 뿔처럼 생긴 데서 붙여진 이름이다. 석양을 받으면 바닷물이 붉게 물들어 골든 혼이 되었다고도 한다. 5세기 테오도시우스 2세는 골든 혼 연안에 20개의 성문을 만들었다. 17~18세기에는 고관들의 여름 별장이 들어섰고, 점차 보스포루스 해협으로 이동하였다. 보스포루스 해협은 흑해와 마르마라해를 연결하는 곳이고, 아시아와 유럽을 분리하는 경계이다. 직선 길이는 29.9km로, 흑해에서 내려오는 해류와 마르마라에서 흑해로 올라가는 해류가 동시에 발생하는 곳이다. 이 때문에 거센 물살과 심하게 부는 바람이 있을 때는 배의 통행을 어렵게 하기도 한다. 이 보스포루스 해협과 남쪽의 마르마라해는 에게해와 연결된다. 마르마라의 옛 이름은 프로폰티스란 그리스어로 '앞에 있는 바다'란 뜻이다.[2]

'보스포루스'라는 이름은 '소가 건넌 얕은 강'이란 뜻이다. 이와 관련되어 다음과 같은 전설이 있어 소개해 본다. "이오는 아르고스 왕인 이나쿠스의 딸로 아르고스 도시에 있는 헤라 신전의 사제였다. 그런데 어느 날 제우스 신이 이오를 보고 그녀를 사랑하게 되었다. 제우스 신이 이오를 사랑하고 있다는 것을 알게 된 제우스의 부인, 헤라는 이를 시기하게 되는 데, 이를 제우스 신이 알게 되었다. 이오와 사랑에 빠진 제우스는 이오를 흰 소로 변하게 했다. 그러자 헤라는 쇠파리로 하여금 이오를 물게 하였다. 쇠파리를 피하려고 여기저기를 뛴 이오는 이

---

2) 이희철(2005), 「이스탄불 세계사의 축소판, 인류문명의 박물관」, 서울: 도서출판 리수, pp.203-213.

스탄불에 있는 해협을 건너게 된다."[3] 이런 연유로 보스포루스는 소가 건넌 얕은 강이란 의미를 갖게 되었다.

골든 혼[4]. 좌측 멀리에 갈라타 탑이 보이고, 갈라타교 뒤로 보스포루스 해협이 있다.

---

3) 이희철(2005), 앞의 책, p.205.
4) 이 사진은 이스탄불 숙박 시 HOTEL PiYA SPORT 객실에 걸려 있던 사진을 캡처한 것이다.

콘스탄티노플, 이스탄불

이스탄불은 콘스탄티노플에서 바뀐 이름이다. 330년 콘스탄티누스 1세가 이곳에 성벽을 증축하고 궁전, 극장, 성당 등을 지어 로마제국의 수도로 천도하여 콘스탄티노폴리스가 된 것이다. 4세기엔 20만 명이던 인구가 5세기엔 50만 명을 넘었고 10~11세기 전성기에 인구 100만이 넘는 국제 교역도시가 되었다. 그리스 문화를 부활시키고 기독교 문명을 꽃피운 이 도시를 시인 예이츠는 "그리스 대장장이가 금을 두드려 빚은 곳."이라고 했고, 역사학자 토인비는 "인류 문명의 옥외 박물관."이라 했다. 고대 그리스 때는 비잔티움, 로마 때는 안토니아, 동로마의 비잔틴 제국 때에는 콘스탄티노플로 이름이 바뀌었다. 오스만 제국에 의해 이 도시가 함락되면서 이스탄불로 이름이 바뀌었고, 제국의 수도가 되었다. 역사적으로 제국의 수도를 두 번씩 거쳐 간 곳이 이곳이다. 1600년간 이스탄불은 동로마 제국(330~1453)과 오스만 제국(1453~1923)을 통틀어 제국의 수도였다.

이스탄불과 앙카라

 이스탄불은 비잔틴의 수도였던 콘스탄티노플에서 유래한다. 오스만 제국의 메흐메트 2세는 난공불락의 콘스탄티노플을 점령하고 이 도시의 이름을 '도시로'란 의미의 이스탄불로 개칭하였다. 많은 사람들은 이스탄불로 여행하기 때문에 튀르키예의 수도가 이스탄불일 것으로 생각한다. 유서 깊은 성 소피아 성당이 자리하고 있고, 그 옆에 블루모스크와 톱카프 궁전이 있어 관광객들에게는 최고의 볼거리가 집중되어 있다. 인구 1천만 명 이상의 대도시로, 실크로드의 종착역이기도 한 그랜드 바자르가 있는 경제와 상업, 문화의 중심지가 이스탄불이다. 동·서양의 관문인 보스포루스 해협과 마르마라해는 흑해와 지중해를 연결하는 통로이며, 아름다운 경관과 야경을 자랑하는 곳이다.

 반면 앙카라는 해발고도 848m 분지에 있는 행정과 외교의 중심지다. 앙카라는 튀르키예 국부라고 할 수 있는 아타튀르크에 의해 수도가 되었다고 볼 수 있다. 그가 독립전쟁을 이끌어온 곳이 이스탄불에서 떨어진 아나톨리아반도 동부 지역이었기 때문이다. 무스타파 케말은 오스만 제국의 마지막 황제인 메흐메드 6세에 대항하여 독립 쟁취를 위한 저항 조직을 확대해 나갔고, 앙카라에서 국민의회를 개원함으로써 정치적 승기를 잡은 곳이다. 앙카라는 군사적으로 이스탄불에 비해 방어하기 좋은 지형적 여건을 갖고 있다. 이스탄불은 낮은 구릉지인데 비해 앙카라는 지상의 공격에 방어할 수 있는 지형이고, 보스포루스 해협에서 450km, 흑해로부터 420km 떨어져 있다. 그리고 아나톨리아 중심부에 있다. 이러한 지리적 요건이 수도로서 이스탄불보다 유리한 점이었다.

역사적으로 이스탄불은 전략적 요충지였다. 로마제국의 황제 콘스탄티누스는 동로마 제국의 수도로 콘스탄티노플, 즉 이스탄불을 동로마의 수도로 정했고, 튀르키예는 보스포루스 해협을 제국의 심장으로 표현했다. 하지만 러시아는 집으로 들어가는 열쇠(key)로 표현하며 따듯한 바다인 지중해를 동경했다. 앙카라는 1923년 터키 공화국이 선포되고 나서 수도로 공식화하였지만, 서구의 국가들은 그들의 공관을 이스탄불에 두려고 했었다. 앙카라는 수도이지만, 문명 박물관과 아타튀르크 묘지 외에는 볼거리와 유적지가 거의 없다. 따라서 관광객도 적고 조용하다.

튀르키예와 한국

튀르키예는 13세기에서 19세기, 약 600년간 지중해와 북아프리카를 지배하며 제국의 역사를 만든 곳이다. 바빌로니아, 히타이트, 프리기아, 리디아, 그리스, 로마, 비잔틴 등 문명의 보고라 할 역사의 유적지이며, 노아의 방주로 알려진 아라라트산, 에덴의 동산, 아브라함의 고향과 사도 바울의 생가, 마리아 하우스, 초대 7대 교회 등 초기 기독교 현장들이 있는 곳이다. 인류 문명의 현장이 이곳에 있지만, 튀르키예 민족사와는 관련짓기 어려운 것들이다.

튀르키예 민족의 원류는 중앙아시아에서 온 투르크족이다. 튀르키예는 국민 대다수가 무슬림인 이슬람 국가이면서 주변 국가에 비해 자유로운 나라이다. 절대적으로 히잡을 쓰지도 않고 시간에 맞추어 알라신에 예배를 드리지도 않는다. 대중교통인 트램을 타고 여행하다 보면 꽉 들어찬 승객 중에 히잡을 쓴 사람이 한두 명 보일 뿐이다.

튀르키예는 한국과 각별한 인연을 갖고 있다. 튀르키예는 한국전쟁 당시 2만여 명을 파병하여 전사 및 실종으로 1천여 명 가까운 인명 피해를 보면서 한국을 수호해 주었다. 그들은 우리를 '카르데쉬(형제)', '칸카르데쉬(피로 맺어진 형제)'라 말하며 우호 관계를 강조하고 있다. 한국의 성장은 그들의 희생을 잊지 않고 있다.

투르크족과 돌궐

투르크족은 몽골 고원에서 초원길을 따라 중앙아시아로 이동했고, 이곳에서 대제국을 건설했다. 우리의 역사에 나오는 돌궐족은 고구려와 유대관계가 좋았던 민족이고, 서양 사람들은 이를 훈족이라고 부른다. 당나라와는 반목했어도 고구려와는 형제처럼 지냈던 훈족은 4세기 전후로 중국 변방에 사라졌다. 훈족의 대이동은 중앙아시아 초원을 지나 서쪽으로 이곳 이슬람교와 융합하면서 세력을 형성하고 왕국의 지배자가 되었다. 튀르키예에서 술탄(Sultan)이라는 말은 종교 지도자와 왕을 통합한 용어로, 왕국의 지배자, 군주라고 하면 될 것 같다.

우리나라와의 연관성은 중앙아시아에서 발원한 알타이어족이라는 공통점을 갖는다. 고조선 이후 기마 민족의 정기를 받아 세워진 고구려는 흉노족의 후예인 돌궐 제국과 협력관계를 맺고 있었다. 돌궐 제국은 아시아 흉노제국에 이어 스텝 지역을 통일한 투르크 대제국이었다. 돌궐 제국은 동돌궐과 서돌궐로 나누어지면서 쇠퇴하였는데, 한민족의 조상 예맥족은 투르크계를 포함하면서 몽골과 만주 지방으로 이동한 것으로 보인다. 그리고 부여, 고구려, 동예, 옥저와 백제를 건국한 것으로 보고 있다.

오스만 제국

오스만 제국의 본거지인 아나톨리아 반도에 튀르키예인이 들어온 것은 10세기 경이다. 이 지역은 이슬람 제국인 압바스 왕조(750~1258)에서 10세기 이후 아프가니스탄 및 인도 북부에서 수립한 투르크 계통의 가즈나 왕조로 패권이 넘어가고, 이후 카자흐스탄 투르크계 민족인 오구즈 튀르크에 멸망 당한다. 이 민족이 세운 나라가 셀주크 왕조였다. 후에 셀주크 튀르크는 서쪽의 팔레스타인, 소아시아 등을 점령하고 이 지역의 기독교 성지를 이슬람 사원으로 바꾸고 성지순례를 막게 된다. 그러자 로마교황 우루바누스 2세는 성지 탈환을 국왕들에게 호소하고 이로 인해 제1차 십자군 전쟁이 일어나게 된다. 셀주크는 제1, 2차 십자군 전쟁에서 승리하지만, 내부 분열과 비잔틴과의 전쟁으로 약화되어 몽골에 의해 사라지게 된다.

이후 13세기 말부터 오스만이 이끄는 집단이 아나톨리아 북·서부의 작은 마을 쇠위트에서 발흥한다.[5] 오스만 1세는 몽골리안 투르크 전사를 바탕으로 주변의 기독교 세력과 이슬람교를 신봉하는 영주나 군사 집단과 전투를 하거나 제휴를 하면서 영토를 확장한다. 그리고 1281년에 셀주크 튀르크를 정복하여 오스만 튀르크를 세우고 1453년에는 콘스탄티노플을 함락, 동로마 제국을 정복한다. 16세기 초 10대 술탄 슐레이만 1세는 동지중해 해상권을 장악하고, 신성로마 제국까지 진격한다. 오스만 튀르크 전성기 영토는 북으로 오스트리아와 러시아, 동으로 아시아 코카서스와 페르시아만, 서로 모로코, 남으로

---

5) 오가사와라히로유키(2020), 「오스만제국 찬란한 600년의 기록」, 노경아 역, 서울: 까치글방, p.40.

아프리카 내륙으로 3개 대륙 40여 개 영토를 장악하게 된다.[6]

톱카프 궁전에는 약 600년 동안 오스만 제국의 유물들이 남아있고, 튀르키예 곳곳에는 아테네의 고고학 박물관보다 많은 보물과 조각품들이 있다.

---

6) 이민화(2010), 「스마트코리아로 가는 길 유라시안 네트워크」, 서울: 새물결, pp. 120-130.

톱카프 궁전

　오스만 튀르크 시대의 궁전인 톱카프 궁전은 15세기 중순부터 19세기 중순까지 오스만 제국의 군주가 거주한 튀르키예 이스탄불의 궁전이다. 보스포루스 해협과 마르마라해, 금각 만이 합류하는 지점이 내려다보이는 언덕 위에 자리하고 있다. 총면적은 231만㎡로 벽의 길이만 5km가 된다고 한다. 대중교통으로 톱카프 궁전에 가는 가장 편리한 방법은 트램으로, 술탄 아흐메트 지역으로 가는 것이다. 술탄 아흐메트(Sultanahmet) 역이나 굴하네(Gulhane) 역에서 톱카프 궁전(Topkapı Palace)까지는 도보로 5분밖에 걸리지 않는다. 굴하네 트램 역에서 박물관까지의 거리는 600m에 불과하지만, 술탄 아흐메트 트램 역에서는 700m이다. 이 방향은 궁전의 문으로 이어지고 톱카프 궁전(Topkapı Palace)의 첫 번째 문으로 이어진다.

톱카프 궁전 입구

술탄의 복식

메흐메트 2세

술레이만 1세

톱카프 궁전과 하렘(Topkapı Sarayı)은 세계의 어떠한 박물관보다 다채로운 이야기를 가지고 있다. 15세기에서 19세기 사이에 오스만 제국의 궁전이었던 이곳에서 술탄, 신하, 소실, 환관들이 살았다. 호화로운 파빌리온, 보석으로 가득 찬 보물관, 거대한 하렘을 방문하면 이 궁전에서 살았던 그들의 삶을 엿볼 수 있다.

이 궁전은 정복자 메흐메트 2세가 1453년 정복 직후 첫 번째로 지었고, 1481년 사망할 때까지 이곳에서 살았다. 그 이후의 술탄들은 19세기 보스포루스 해협 기슭에 지은 유럽식 궁전으로 이사할 때까지 이곳에서 살았다. 메흐메트 2세 때부터 400여 년간 술탄이 거주한 궁전이다. 성문 앞에 대포가 설치된 첨탑이 있었다고 해서 톱카프(Topkapi, 대포의 문)라고 한다. 오스만제국의 정궁이었고 의사당, 교육기관이었으며 조폐소, 보물관이 있었다. 1922년 오스만 제국이 멸망한 후 초대 대통령이었던 케말 아타튀르크는 1924년 4월 3일 이 건축물을 박물관으로 공개하게 된다.

✔ [정원과 디반]

궁전은 4개의 문으로 나누어져 들어갈 수 있는 데 첫 번째 문인 황제의 문을 통과하면 조폐소, 무기고, 훈련장, 주거지 등이 있다. 이곳은 평민들도 자유롭게 출입할 수 있었다고 한다. 황제의 문으로 들어가기 전에 외부에서 보면 튤립을 좋아했던 술탄 아흐메트 3세가 로코코스타일로 건축한 것이다.

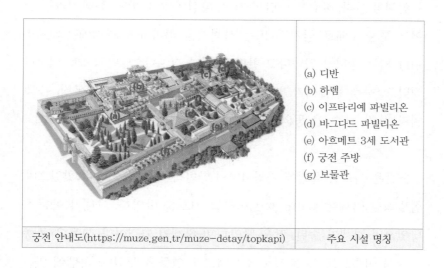

궁전 안내도(https://muze.gen.tr/muze-detay/topkapi)	주요 시설 명칭

(a) 디반
(b) 하렘
(c) 이프타리예 파빌리온
(d) 바그다드 파빌리온
(e) 아흐메트 3세 도서관
(f) 궁전 주방
(g) 보물관

두 번째 문에는 일반 평민들이 들어올 수 없었다고 한다. 오스만 시대에는 술탄과 술탄의 어머니(valide sultan)만이 말을 타고 중문을 통과할 수 있었다. 고관을 포함한 다른 모든 사람은 내려야 했다. 메흐메트 2세가 문을 세우고, 술레이만 대제가 두 개의 탑을 세웠다. 내부 정원에는 대신들이 국정회의를 하던 건물(디반)이 있고, 보물창고와 부엌이 있다. 파빌리온, 주방, 막사, 청중실, 키오스크 및 수면 공간이 있다. 이곳에 있는 궁전의 전용 주방에는 술탄들이 좋아했던 중국 도자기가 있는데 독이 든 음식이 닿으면 색이 변한다고 한다. 서쪽에는 평의회를 열던 회의실이 있다. 평의회는 국가 문제를 논의하였고, 술탄은 벽 사이로 엿듣기도 했다.

✔ [하렘]

하렘 입구는 제2문 서쪽에 있는 정의의 탑 아래에 있고 전용 티켓을 구입해야 한다. 하렘은 술탄의 침실, 황실의 숙소였다. '하렘'이라는 단어는 문자 그대로 '금지된' 또는 '사적인'을 의미하며, 하렘에는 300명이나 되는 궁녀가 있었다고 한다. 그러나 그 수는 일반적으로 이보다 적었고, 하렘에 들어가면 이슬람과 전통문화, 언어, 분장, 복장, 음악, 읽기, 쓰기, 자수, 춤 등의 예술을 배우게 했다.

술탄은 이슬람 율법에 따라 4명의 합법적인 아내를 둘 수 있었으며, 합법적인 아내는 kadın (아내)이라는 칭호를 받았다. 아내가 아들을 낳았으면 하세키 술탄, 딸을 낳았다면 하세키 카딘이다. 그들은 종종 자신의 이름으로 큰 토지를 소유하고 하인들을 두었다. 하렘에 있는 300개 이상의 방 중 가장 초기의 방은 무라트 3세(Murat III, 1574~95)의 통치 기간에 지어졌다.

하렘 단지는 6개의 부분으로 구성되어 있지만, 이 중 하나만 방문할 수 있다. 문 옆에는 궁전 근위대 군단 기숙사가 있으며, 웅장한 16세기와 17세기 이즈니크 타일로 복원된 구조이다.

안뜰의 맨 끝에는 두 개의 거대한 금박 거울이 있는 경비실이 있고, 여기에서 후궁의 회랑 왼쪽은 후궁과 술탄 배우자의 안뜰로 이어진다. 이곳은 목욕탕, 세탁소, 세탁실, 기숙사, 개인 숙소로 둘러싸여 있다.

궁전에서 가장 호화로운 방 중 하나는 무라트 3세의 비밀방이다. 1578년에 지어진 독창적인 장식의 작품이며, 복원된 3층 대리석 분수에서 쏟아지는 물소리로 술탄의 대화를 엿듣기 어렵게 설계되었다. 금박을 입힌 캐노피 좌석 공간은 18세기 후반에 추가된 호화로운 방들이다. 무라트 3세의 밀실을 지나면 하렘에서 가장 아름다운 두 개의 방이 있다. 바로 트윈 키오스크/왕세자의 집이다. 이 두 개의 방은 1600년경의 것으로 첫 번째 방에는 페인트로 칠해진 캔버스 돔이 있고, 두 번째 방에는 벽난로 위에 훌륭한 이즈니크 타일 패널이 있다. 스테인드글라스 또한 주목할 만하다. 안뜰 가장자리(실제로 테라스)에는 커다란 빈 수영장이 있고, 안뜰이 내려다보이는 곳에는 술탄의 형제나 아들을 투옥하는 카페(새장 같은 방)인 작고 어두운 방의 창문이 있다. 그 옆에는 바로크 양식의 미흐랍(메카의 방향을 나타내는 첨탑의 공간)이 있는 타일로 된 하렘 모스크가 있다. 여기에서 골든 로드(Golden Road)로 알려진 통로를 따라 궁전의 제3궁(Third Court)으로 나갈 수 있다.

✔ [청중실과 황금 왕좌]

세 번째 문은 황제와 황제의 남자 친척들만 들어올 수 있었다고 한다. 정원에는 도서관, 역대 황제들의 거주 공간, 황제 전용 모스크가 있었다. 내부에는 16세기에 건설되었지만 18세기에 개조된 청중실이 있다. 중요한 관리들과 외국 대사들이 이 작은 키오스크에 와서 국가의 고위 업무를 수행했다. 거대한 의자에 앉은 술탄은 왼쪽 출입구를 통과하는 대사의 선물과 제물을 검사했다. 청중실 바로 뒤에는 1719년에 지어진 아름다운 아흐메트 3세 도서관이 있다.

사진, https://muze.gen.tr/muze-detay/topkapi

펠리시티의 문 앞에서 청중을 맞이하는 셀림 3세

황금 왕좌(18세기)

✔ [톱카프 보물관, 에머럴드 단검]

동쪽 가장자리에 위치한 톱카프 보물관은 금, 은, 루비, 에메랄드, 옥, 진주 및 다이아몬드로 만들거나 장식한 놀라운 물건들의 전시장이다. 건물 자체는 1460년 정복자 메흐메트의 통치 기간에 지어졌으며, 원래는 응접실로 사용되었다. 이곳에서는 화려한 보석으로 장식된 슐레이만의 검(Sword of Süleyman), 아흐메드 1세(Ahmed I)의 왕좌(Arife Throne)를 반드시 봐야 한다. 특히, 1964년 영화 「Topkapı」에서 강도의 표적이었던 에머럴드 단검(Topkapı Dagger)은 이 보물관의 백미이다. 메흐메트 4세가 1648년 왕위에 올랐을 때 처음 착용한 수십 개의 작은 다이아몬드로 둘러싸인 눈물방울 모양의 다이아몬드[Kasıkçı(Spoonmaker's)Diamond]]도 바로 옆에 있다. 그 외에 말에 씌웠을 황금 가면, 권위를 상징했을 황금 도검 등이 즐비하다.

오스만제국 에메랄드 단검(17C)

다이아몬드(86캐럿)

황금가면(16C 말)

황금 장식 도검

✔ [황금 누각과 키오스크]

네 번째 문을 통과하면 아름다운 누각들을 볼 수 있다. 주변의 정원은 아흐메트 3세의 재위 기간에 튤립으로 가득 차 있었다. 보스포루스 해협을 내려다볼 수 있는 황금 누각(이프타리)을 만날 수 있다. 이 특이한 작은 누각에서는 이브라임 1세가 라마단 금식을 끝내는 장소로 알려져 있다. 그 옆으로 아름답게 장식된 풀장도 있다. 레반 키오스크는 1636년 무라트 4세가 페르시아로부터 아르메니아를 탈환한 기념으로 건축하였다. 1639년에 그는 승리를 기념하기 위해 고전 양식의 바그다드 키오스크를 건설했다.

황금 누각(이프타리 정자)

바그다드 정자

투그라(Tughra)

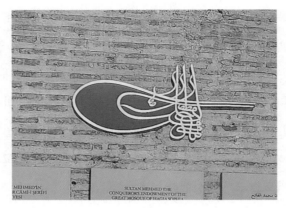

성 소피아 성당 벽면

톱카프 궁전 바그다드 정자 주변

옛 이슬람 제국 술탄이 사용했던 서예 방식의 모노그램, 도장, 서명을 말한다. 공식 문서나 서한이라면 항상 첨부되던 표시였다. 술탄이 도자에 새기거나 재위 기간에 주조된 동전에 문양을 찍기도 했다. 중요한 문서에는 상당히 정교한 투 그라가 쓰였는데, 채식의 형태로 전승되어 예술작품으로까지 취급받게 되었다.

톱카프 궁전 정문 황제의 문에는 다음과 같은 글귀가 새겨져 있다. "신의 은총과 허락으로 두 대륙의 술탄이자 두 바다의 지배자, 육지와 바다의 통치자 콘스탄티노폴리스 성의 정복자인 술탄 메흐메트 칸(khan)께서 신의 부를 영원히 간직하기를 그 권자가 천상의 가장 빛나는 별보다 더 위에 하기를, 정복자들의 아버지인 술탄 메흐메트 칸(khan)께의 명령으로 이 신성한 성의 기초를 닦고 평화와 안정을 도모하기 위하여 이 건축을 매우 튼튼하게 세웠도다"[7]. 황제들은 그들이 주요한 건축물을 세울 때 곳곳에 표식(Tughra)을 남겼다. 일종의 서명과 같은 것인데 톱카프 궁전, 성 소피아 성당에도 남아있다.

톱카프 궁전의 건축물들은 규모와 크기보다도 화려함에 눈이 빛나게 된다. 술탄의 복식과 치장물들이 놀라울 정도로 많다. 금과 다이아몬드, 큼직한 세 개의 에메랄드로 장식한 단검은 당연 톱카프 궁전의 최고다. 42개의 다이아몬드로 둘러싸인 86캐럿 다이아몬드, 시계, 칼, 화살, 보석 등이 즐비하다. 오스만 제국은 아시아와 유럽을 잇는 이곳 이스탄불 요새에 콘스탄티노플의 성 소피아 성당 못지않은 사원과 궁정을 짓고 학문과 예술을 발전시켰다. 그러나 오스만 제국은 서아시아의 교통로가 대서양으로 이동하면서 경제적 기반이 약화되자 그 세력은 점차 쇠퇴하게 되었다.

---

7) 나무위키(https://namu.wiki/), 톱카프 궁전

이스탄불 고고학 박물관

 이스탄불 고고학 박물관은 튀르키예 이스탄불 에미뇌뉘 지구에 위치하고 있다. 3개의 고고학 박물관으로 구성된 이 박물관은 터키, 헬레니즘, 로마의 유물들을 많이 소장하고 있으며, 많은 유물이 오스만 제국의 광대한 옛 영토에서 수집되었다. 한때 알렉산더 대왕을 위해 준비되었다고 믿어졌던 화려한 알렉산더 석관은 박물관에서 가장 유명한 고대 예술 작품 중 하나이다.

사진, https://muze.gov.tr/의 고고학박물관

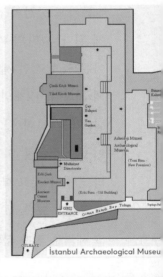

인문학적 여행 이스탄불과 동유럽 5국

이스탄불 고고학 박물관은 세 개의 주요 박물 전시관으로 구성되어 있다. 고고학 박물관, 오리엔트 작품 박물관, 키오스크 박물관으로 되어있다. 튀르키예 최초의 박물관인 이스탄불 고고학 박물관은 다양한 문화의 약 백만 개의 유물을 보유하고 있다.

오스만 시대의 역사적 유물 수집에 대한 관심은 정복자 메흐메트의 통치 시대로 거슬러 올라가지만, 박물관의 제도적 출현은 1869년이다. 하기아 아이린 교회에서 수집된 고고학 작품들을 보관하고 있는 Müze-i Humayun은 이스탄불 고고학 박물관의 기초이다. 정복자 메흐메트 시대에 지어진 타일 키오스크는 하기아 아이린으로는 충분하지 않아 박물관으로 바꾸었다. 타일 키오스크는 이스탄불 고고학 박물관의 관리 하에 복원되어 1880년에 문을 열었다.

오스만 함디 베이(Osman Hamdi Bey)가 1881년에 박물관장으로 임명되었을 때, 터키의 박물학에 획기적인 발전이 있었다. 오스만 함디 베이는 네무드 산, 미리나, 키메, 다른 알롤리아 네크로폴리스와 라기나 헤카테 사원을 발굴하였고, 1887~1888년 사이에 사야(시돈)에서 발굴한 결과, 그는 시돈 왕(King Sidon)의 네크로폴리스에 도달했고, 특히 유명한 알렉산더 대왕(Alexander the Great)의 것으로 보이는 많은 석관을 가지고 이스탄불로 돌아왔다.

이스탄불 고고학 박물관 단지에서 가장 오래된 건물(1472 CE)은 타일 키오스크이다. 현재 타일 키오스크 박물관은 터키 타일과 오스만 문명 건축의 가장 오래된 도자기들을 전시하고 있다. 고대 오리엔트 작품 박물관으로 사용되었던 이 건물은 1883년 오스만 함디 베이에 의해 미술 아카데미(Sanayi-i Nefise school)로 건설되었다. 그 건물의 설계자는 나중에 이스탄불 고고학 박물관 클래식 건물을 지은 알렉산더 발레리였다. 고고학 박물관은 그 시대에 박물관으로 지어진 빼어난 건물 중 하나이다. 그것은 이스탄불에서 가장 아름답고 멋진 신고전주의 건축물의 하나이며, 페디먼트에는 오스만어로 '아사르 아티카 박물관'이라고 쓰여있다. 투그라에 적힌 글은 술탄 압둘하미드 2세의 것이다. 오스만 함디 베이는 1887~1888년에 시돈왕 네크로폴리스를 발굴하여 이스탄불로 가져온 이스켄더 무덤, 우는 여인 무덤, 리키아 무덤, 타브니트 무덤과 같은 웅장한 작품들을 전시하기 위해 새로운 박물관 건축이 필요했다. 유명한 건축가 알렉산드르 발레리에 의해 지어진 타일 키오스크 건너편의 이스탄불 고고학 박물관 클래식 건축은 1891년 6월 13일에 문을 열었다.[8]

---

8) https://muze.gov.tr/에서 내용과 사진을 참고함.

튀르키예 이슬람 예술 박물관(Museum Turkish and Islamic Art)

사진, https://muze.gen.tr/muze-detay/tiem

술탄 아흐메트 광장 서쪽 끝에 있는 예술 박물관[9]은 성 소피아 성당이나 블루모스크의 위용에 가려져 지나칠 수 있다. 그러나 이 박물관은 오스만 제국 이전인 7세기까지 거슬러 셀주크 시대 그리고 오스만 제국 시대의 카펫을 포함한 유물들을 한눈에 볼 수 있는 곳이다. 이곳은 16세기 오스만 제국 전성기인 슐레이만 시기 재상을 지낸 이브라힘 파샤의 궁전이었던 곳이다. 이브라힘은 황태자 슐레이만이 제왕이 되기 위한 공부를 할 때 우연히 만나 친구가 되었고, 후에 슐레이만이 술탄이 되자 궁으로 들어가 이후에 재상이 된 사람이다.

이 박물관에는 이 시기의 카펫, 향로, 의복, 도자기, 서적 등 다양한 유물이 전시되어 있다. 중앙아시아에서 발원한 투르크인들이 아나톨

---

9) https://muze.gen.tr/muze-detay/tiem 참고.

리아 반도에 들어와 오리엔트, 그리스, 비잔틴, 이슬람 문화를 융합하고 600년간 흑해와 지중해를 중심으로 아시아와 유럽, 중동과 아프리카를 지배했다. 튀르키예 교과서에서도 역사는 흉노로 시작해서 돌궐-위구르-셀주크 튀르크-오스만 튀르크-터키공화국으로 전개하고 있다. 이슬람은 정복전쟁으로 영토를 확장하면서 주변 국가의 문화를 융합하고 재창조하면서 다른 문화를 전폭적으로 받아들이는 정책을 추구했다. 페르시아 문화를 포용하고 실크로드를 따라 중앙아시아와 투르크계 문화, 중국과 인도 문화까지 받아들였다. 동쪽에서 17세기 꽃을 피운 무굴 제국 시대의 타지마할, 가톨릭 문화를 융합하여 만든 15세기 그라나다의 알람브라 궁전이 그것이다.

이슬람 예술의 특징은 사람이나 동물을 형상화한 문양을 넣지 않는 것이다. 이것은 하느님 이외에는 경배하지 말라는 종교적 금기 때문이다. 이러한 배경으로 나타난 것이 아라베스크다. 시작도 끝도 없는 반복과 대칭, 꼬리에 꼬리를 무는 반복과 회전은 신의 섭리를 표현하는 예술이었다.

아라베스크 문양

튀르키예·이슬람 예술 박물관은 오전 9시에서 오후 5시까지 문을 연다. 입장권은 오후 4시 30분까지 판매한다.

콘스탄티노플 정복, 파노라마 1453 박물관

2009년 오픈한 PANORAMA 1453은 직경 38m의 영상을 관람할 수 있다. 3차원 영상으로 콘스탄티노플 함락의 과정을 보여준다.

콘스탄티노플 정복은 메흐메트 2세에 의하여 이루어진다. 그는 왕자로 아나톨리아 아마시아와 마니사이의 총독으로 행정과 군사업무를 익힌 후, 무라트 2세를 이어 술탄이 된다. 그의 존재는 인근 유럽 국가를 긴장시켰다. 그는 선왕들의 유업이기도 한 비잔틴을 점령하고 세계국가를 건설하는 것이었다. 데브쉬르메 그룹의 강력한 조언으로 콘스탄티노플 공략은 국가정책으로 확정되었다. 그러나 정통 투르크 귀족 관료들은 비잔틴에 대한 공격이 교황 및 유럽 국가들을 자극하여 또 다른 십자군 원정을 유도한다는 명분으로 반대하였다.[10] 그러나 유럽 진출을 위해서는 비잔틴과 유럽 국가와 군사적 연계를 갖고 있는 비잔틴이라는 걸림돌을 제거해야 했다. 특히 무역로를 확보하기 위해서도 콘스탄티노플 점령은 필수적이었다. 종교적으로는 이슬람교의 예언자 무하마드가 콘스탄티노플의 점령을 당부한 『하디스(무하마드의 언행록)』의 가르침이 있었고, 그때까지 7차례에 걸친 콘스탄티노플 점령이 시도되었다. 비잔틴 정복은 무슬림의 사명감 완수 효과가 있었다.[11]

메흐메트 2세는 선왕 바예지트가 보스포루스의 아시아 쪽에 이미 건설한 아나돌루(Anadolu) 성채에 이어, 1km 폭의 유럽 대안에 루멜리의 성채 축조를 시작했다. 보스포루스는 흑해로 가는 실크로드의 마지막 관문으로 비잔틴에 압박을 가할 수 있었다. 루멜리 성채 축조

---

10) 이희수(1993),「터키사」, 서울: 대한교과서주식회사, p.309.
11) 이희수(1993), 앞의 책, p.310.

에 대해 비잔틴 황제 팔레오로구스 11세는 비잔틴에 인질로 있는 오르혼 왕자 인질금을 포기로 성채의 축조를 중단할 것을 요청했다. 이 제의를 거부한 술탄은 1452년 7월, 5개월 만에 견고한 성채를 축조, 최신 대포와 군사 장비를 배치했다. 비잔틴에서도 방어를 위해 성문을 수리하고 콘스탄티노플 성으로 향하는 골든 혼 양안을 쇠사슬로 연결하여 선반의 진입을 봉쇄했다. 유럽 각국에 지원을 요청하여 제노아로부터 1,500명의 지원군이 왔으나 분열과 사기가 저하된 비잔틴 군은 오스만군의 상대가 될 수 없었다.

메흐메트 2세

술탄 메흐메트 2세는 수도인 에디르네를 출발, 1453년 4월 5일 콘스탄티노플 성문에 도착했다. 전통에 따라 마흐무트 파샤를 비잔틴 황제에 파견하여 유혈 충돌이 없는 항복을 요구했다. 이 요구가 거절되자 샤드(Shad)라고 불리는 대포의 발사와 함께 공세가 시작되었다. 해상에서도 골든 혼 진입을 시도했다. 완강한 저항에 야음을 이용하여 67척의 전함을 육지로 이동하여 골든 혼 입구의 쇠사슬과 대포 공격을 우회하였다. 배 밑에 기름을 친 둥근 목재를 깔아 야간에 언덕을 넘어 골든 혼 내해에 함대를 진입시킨 것이다. 육·해군의 합동 공격으로 비잔틴의 항전은 와해되고, 5월 29일 토프카프(Topkapi) 성벽이 무너지면서 콘스탄티노플은 일시에 점령되었다. 점령 직전에 투르크 귀족 관료와 데브쉬르메 장군들 사이에 전쟁 확산을 우려한 논쟁이 있었지만, 술탄의 결심으로 콘스탄티노플 정복이 성공하고 성 소피아 성당에서 이슬람식 의식을 행함으로써 비잔틴 제국의 공식 멸망은 확인되었다. 술탄 메흐메트 2세는 후일 정복자란 의미의 '파티(Fatih)'란 칭호가 주어졌다.[12]

사진, https://pxhere.com/

루멜리 성채

---

12) 이희수(1993), 앞의 책, pp.311-313.

성 소피아 성당

 성당으로 들어가려면 긴 줄을 서야 한다. 입구에 있는 검색대에 휴대폰과 가방을 통과시켜야 한다. 거대한 대리석으로 만들어진 문지방은 오랜 기간 수많은 사람의 발길로 닳아서 움푹하게 파여있다.

아야 소피아 성당

성당 내부(세 개의 돔)

사람들이 경이로운 눈으로 성당의 돔을 향하여 올려다보고 있다.

성 소피아 성당은 비잔틴 전성기 때 유스티아누스 대제가 532년부터 5년 10개월에 걸쳐 완공한 건축물이다. 중앙 돔에 보조 돔을 사용한 비잔틴 양식으로, 외관은 투박하지만 내부에 들어서면 기둥 없는 돔이 56m, 직경 31m라는 데 놀라게 된다. 비잔틴 제국 전성기인 537년 유스티니아누스 대제에 의해 완성된 그리스 정교회 성전으로, 수천 명이 함께 예배를 드릴 수 있는 거대한 공간에 놀라게 된다. 성당 중앙에 큰 돔이 있고 작은 돔 두 개가 쌍을 이루어 받치고 있는 형태이다. 돔을 지탱하는 대리석 기둥은 아이보리색, 분홍색, 황금색 등으로 비잔틴 시대의 위엄을 가늠케 한다. 이 성당은 메흐메트 2세 때 동로마 제국이 멸망하면서 모스크로 사용되었다. 메흐메트 2세는 성당에서 사원으로 이 건축물을 잘 활용하기 위해 기독교 성화는 천으로 가리고 의례를 행하였다고 한다. 2층에는 성모와 예수의 황금 모자이크가 있다. 그림에서 예수의 시선이 모나리자처럼 어느 쪽으로 이동해도 따라온다.[13]

이 건축물은 916년 동안은 교회로 481년 동안은 모스크로 이용되었다. 1935년 이후로는 박물관으로 명성을 이어오고 있다. 360년 콘스탄티우스가 처음 성 소피아 성당을 지었을 때, '성스러운 지혜'라는 뜻의 'Haghia Sofya'라는 이름을 얻었다. Haghia는 그리스어이며, 튀르키예어로 성(聖)은 'Aya(아야)'이다. 이후 불타버린 건축물을 테오도시우스 때 재건, 이후 유스티니아누스 1세는 즉위 후 국가 자존심으로 당대의 수학자 안테미우스와 물리학자 이시도로스에게 이스라엘 솔로몬 신전을 능가하도록 재료와 지식, 기술을 총동원했다. 로마 판

---

13) 정보상(2017),「유럽여행 베스트123」, 서울: 상생출판, pp.490-493.

테온과 같은 건축물이면서도 보다 발전된 형태를 원했다. '하늘은 둥글고 땅은 네모나다'는 그리스도교의 우주관이 건축 기술의 핵심이었다. 돔의 엄청난 무게는 대형 아치 네 개로 지탱하고 보조 돔이 하중을 분산하는 방식이었다. 1만 명 이상의 인력과 14만 5,000kg의 금이 투여되었다.[14] 대리석 기둥들은 비잔틴 제국의 위용을 나타내도록 전역에서 가져온 재료로 사용했다. 카파도키아의 상아색, 프리기아의 분홍색, 테시리아의 초록색, 리비아의 황금색, 프로크네소스의 하얀색이 골고루 사용했다. 그리스 로마 신전에서 뽑아온 기둥, 포세이돈 신전에서 가져온 두 개의 기둥도 있다.[15] 원형의 중앙 돔 아래로 창문과 채광창으로 흘러들어오는 은은한 빛이 성서의 가르침을 비추듯 엄숙하고 신비롭다. 중앙 돔 쪽 왼편에는 술탄이 기도할 때 사용한 정자가 있고, 정면 돔 반원에 있는 성모 마리아 성화 모자이크를 볼 수 있다. 그리고 남쪽에 성모 마리아와 요한을 그린 '데이시스'가 있다. 중앙 돔 천장에 그림처럼 적힌 것은 코란 구절이다. 2층 중앙홀 벽면에 붙어 있는 아랍어 동판은 초대 칼리프들과 후계자들의 이름이라고 한다.

---

14) 이희수(2016),「터키 박물관 산책」, 파주: 도서출판 푸른숲, pp.42-52.
15) 이희수(2016), 앞의 책, pp.42-52.

성 소피아성당 모자이크[16]

성당 내부에는 그리스도와 관련된 모자이크화가 있다. 모자이크는 회반죽 바탕 벽에 보석과 색유리, 대리석과 유리 조각으로 그림을 완성하는 형태로 만들어졌다.

✔ [제국의 문과 팀파눔 모자이크]

사진, https://madainproject.com/hagia_sophia_mosaics

제국의 문 모자이크   팀파눔 모자이크

아야 소피아의 1층 본당으로 들어가는 '제국의 문 모자이크(Imperial Door Mosaic)'는 예수와 성모 마리아, 가브리엘 천사의 모자이크로 그리스도가 왼쪽 손에 책을 들고 있는데, 그리스어로 적혀있다. "당신에게 평화가 함께하기를-요한복음 20:19, 나는 세상의 빛입니다-요한복음 8:12(Peace be with you, I am the light of the world)".[17]

제국의 문 모자이크는 9세기 말이나 10세기 초로 거슬러 올라간다. 황제 레오 6세가 그리스도 앞에 엎드려 존경을 표시하며 경배를 드리고 있고, 그리스도는 오른손으로 황제에게 축복을 표시하며 왼손에

---

16) 내용은 성 소피아 성당 홈페이지(www.hagiasophia.com/)와 https://madainproject.com/에서 참고함.
17) https://www.hagiasophia.com/imperial-door-mosaic/에서 참고함.

는 열린 책을 들고 있다. 그리스도의 왼쪽에는 대천사 가브리엘(교회의 창시자)이, 오른쪽에는 성모 마리아가 있다. 이 모자이크는 그리스도가 비잔티움 황제들에게 부여한 영원한 힘을 표현한다. '팀파눔 모자이크(Tympanum Mosaic)'는 남서쪽 입구의 출입문 상단에 있으며, 바실리오 2세의 통치 시기의 것으로 1849년 복원 중에 발견되었다. 성모 마리아는 등이 없는 왕좌에 앉아 발을 받침대 위에 올려놓고 어린 그리스도는 그녀의 무릎에 앉아있다. 성모 마리아 왼쪽의 콘스탄티누스 황제는 서서 모형의 도시를 헌사하고 있는데, 옆에 있는 비문에는 "성자들의 위대한 황제 콘스탄티누스"라고 쓰여있다. 오른쪽에는 유스티니아누스 1세 황제가 아야 소피아의 모형을 마리아에게 봉헌하고 있다. 성모의 머리 양쪽에 있는 원에는 '신의 어머니'라는 뜻의 'Mētēr'과 'Theou'의 줄임말인 'MP'와 'ΘΥ'라는 모노그램이 새겨져 있다.[18]

---

18) https://madainproject.com/hagia_sophia_mosaics/에서 참고함.

✔ [조에 모자이크와 콤네누스 모자이크]

사진, https://madainproject.com/hagia_sophia_mosaics

조에 모자이크   콤네누스 모자이크

　조에 모자이크(Empress Zoe Mosaic)는 남쪽 갤러리의 동쪽 벽에 있는데, 콘스탄티누스 9세와 황후 조에가 예수에 헌금하는 모습이다. 검푸른 옷을 입은 예수 그리스도는 황금색 배경으로 가운데에 앉아 오른손으로 축복을 내리고 왼손으로는 성경을 들고 있다. 그의 머리 양쪽에는 아이수스 크리스토스를 의미하는 모노그램 IC와 XC가 있다. 황제는 기부의 상징으로 주머니를 들고 있고, 조에는 기부의 상징으로 두루마리를 잡고 있다. 콤네누스 모자이크(Comnenus Mosaic)는 1122년이 것이다. 중앙에 서있는 성모 마리아는 비잔틴 미술에서 여느 때처럼 짙은 파란색 가운으로 묘사되어 있다. 그녀는 무릎 위에 어린 그리스도를 안고 있다. 그리스도는 왼손에 두루마리를 들고 오른손으로 축복한다. 오른쪽에는 장식된 옷을 입은 요한 2세 콤네누스 황제가 서있다. 그는 교회에 대한 황실 기부의 상징인 돈주머니를 들고 있다. 아이린 황후는 성모 마리아의 왼쪽에 서서 의식복을 입고 문서를 들고 있다.

✔ [데이시스, 심판의 날 모자이크]

데이시스, 심판의 날 모자이크   IC 아이수스, XC 크리스토스

'데이시스, 심판의 날 모자이크(The Deësis mosaic)'는 2층 회랑으로 올라가서 천국의 문이라는 대리석 문으로 들어가면 예수를 중심으로 마리아와 요한이 좌우에 있는 모자이크다. 소피아 벽화의 백미라고 하는 것으로서 너무나 인자한 그리스도의 따뜻하고 위엄있는 모습이 새겨져 있다. 심판의 날에 성모 마리아와 세례 요한이 그리스도에게 인류를 위한 중재를 간청하는 내용으로 미카엘 8세가 콘스탄티노폴리스를 탈환한 1261년에 제작된 것으로 보고 있다. 그것은 로마 가톨릭의 57년이 끝나고 정교회 신앙으로 돌아가는 것을 기념하기 위해 만들어진 것으로 알려져 있는데, 부드러움, 인간적인 표현과 모자이크의 색조가 특징이다. 이것은 13세기 후반 또는 14세기 초반의 이탈리아 화가의 스타일에 가깝고 모자이크의 아랫부분이 심하게 훼손되었는데, 특히 성모 마리아 부분이 가장 많이 없어져 있다. 전체적으로 하단부는 뜯겨 나가있으나 온화한 그리스도의 손은 그대로 남아있다. 이 모자이크는 비잔틴 회화 예술에서 르네상스의 시작으로 보고 있다.

초대 일곱 교회

튀르키예는 기독교와 이슬람교의 충돌과 융합이 있었던 곳으로, 성서에 나오는 지명들이 에게해 연안과 곳곳에 산재해 있다. 우선 창세기에 나오는 전 지구적 대홍수 때 노아의 방주가 안착한 곳이 아라랏산(5,165m)이다. 이곳은 튀르키예 동부 국경 지대에 아르메니아, 이란과 접해 있는 산이다. 후손의 땅이며 인류의 요람이라고 구전되는 산 중턱에 노아의 방주로 일컫는 곳이 있다. 지중해 동부의 연안 안타키아도 기독교의 박해를 피해 예루살렘에서 고대의 이름인 안디옥으로 피난하여 교회를 형성한 곳이다. 카파도키아 역시 신앙의 피난처를 찾아 지하로 스며들었던 곳으로 지하동굴에 교회와 성화가 남아 있다. 요한 계시록에 나오는 초대 7교회는 에베소, 서머나, 버가모, 두아디라, 사데, 빌라델비아, 라오디게아로, 이들은 모두 에게해 연안과 내륙에 위치하고 있다. 이들 일곱 교회의 유적지에는 고대 그리스·로마는 물론 페르시아 때의 신전과 기둥, 석상들이 즐비하게 남아있는 곳들이다.

----

① 에베소(에페소스): 에게 해안 도시로 이즈미르에서 51km 남쪽에 있는 곳이다. 아르테미스 신전, 사도 요한 교회, 하드리아누스 신전, 반원형 대공연장 유적, 셀시우스 도서관, 성모 마리아의 집 등이 있다. 이곳에서 사도 요한과 바울이 초기 일곱 교회를 개척하고 요한복음을 기록하였다고 한다.
② 서머나(이즈미르): 서머나도 에게해 연안으로 로마 제국이 정복하면서 성장했고, 기원전 700년경 살았던 일리아스와 「오딧세이」의 작가 호로메스 고향으로 알려져 있다. 사도 바울의 전도 활동으로 교회가 세워졌고, 순교자 폴리갑의 기념 교회가 에페스 호텔 맞은편에 있다.

③ 버가모(베르가마): 고대 도시명은 페르가몬이며, 기원전 334년 알렉산더 대왕이 페르시아의 다리우스 9세를 격퇴한 곳이다. 이 그리스 도시는 이후 로마 제국에 편입되었고, 산 정상에 아크로폴리스 왕궁이 있다. 이곳에 제우스 신전, 디오니소스 신전, 아데나 신전, 트리야누스 신전, 도서관이 자리하고 있다.

④ 두아디라(악히사르): 고대에는 티아티라(Thyatira)로 불렸으며, 현재 인구는 10만 명 정도의 도시이다. 염색 모직과 금속 세공술이 발달했던 곳으로, 갑옷과 투구 등 무기를 만들던 곳으로 알려져 있다. 초대 일곱 교회가 위치했던 곳으로 옛 성당과 비잔틴 시대의 바실리카 유적이 남아있다.

⑤ 사데(살리흘리, 사르디스): 튀르키예 사르트(Sart)에 해당하며, 고대 리디아 왕국의 수도로 페르시아 제국의 중요 도시, 비잔티움 제국 때 리디아 속주의 수도였다. 소아시아 일곱 교회 중 하나가 있던 곳이다. 인류 최초로 금화를 만든 곳이라고 하며, 아데미 신전 터에 78개의 거대 석주가 남아있다.

⑥ 빌라델비아(알라셰히르): 이즈미르에서 동쪽으로 110km 지역에 인구 5만의 소도시이다. 요한 계시록에 소아시아 7대 교회 중 6번째로 언급되었고, 기원전 189년 페르가몬 왕국 시대 필라델피아란 지명이 있었다. 성 요한 바실리카 유적이 남아있다.

⑦ 라오디게아(에스키히사르): 성서 시대에 소아시아 프리지아의 수도로, 히에라폴리스에서 7km 떨어진 곳에 초대 일곱 교회 중 하나가 있었다. 라오디게아는 히에라폴리스의 온천수가 흘러 질병 치료와 휴양 도시였으나 지진으로 파괴되었다. 이 도시 산기슭에 빌립 사도 순교 기념 교회가 있다.

베르가마(위)와 에페소스(아래) 유적지, 사진: ISTANBUL AIRPORT MUSEUM

술탄 아흐메드 광장 분수대

광장 북쪽 끝에는 19세기 말 독일 황제가 오스만 제국의 술탄에게 선물한 분수대가 있다. 오리엔탈 특급 열차로 이스탄불까지 운반되었다고 한다. 독일 황제 빌헬름 2세가 베를린에서 페르시아만까지 이어지는 철도를 건설하기 위해 이스탄불을 방문한 기념으로 오스만 제국의 압둘 하미드 2세(1876~1909)의 환대에 보답하고자 선물한 분수대이다. 독일에서 제작한 뒤 이스탄불로 옮겨 '술탄 아흐메드 광장'에 세워진 네오 비잔틴 양식의 팔각 돔과 8개의 대리석 기둥, 황금 모자이크로 장식되어 있다.

아흐메드 광장 분수대. 분수대는 아흐메드 광장 입구에 있다.

술탄 아흐메드 영묘

블루모스크를 만든 왕(술탄)들의 무덤이 있는 곳이다. 외부는 흰색 건축이지만, 내부는 화려한 타일과 스테인드글라스로 꾸며져 있다. 술탄 아흐메드 1세와 그의 부인, 16대 술탄 오스만 2세, 17대 술탄 무라드 4세가 모셔져 있다. 아흐메드는 술탄 메흐메드 3세의 아들로 14대 술탄에 등극했다. 13세에 술탄에 올라 26세에 블루모스크를 완성하고 1617년 27세에 사망했다고 한다. 이 무덤은 1619년 오스만 2세에 의하여 완성되었다. 술탄 아흐메드 1세의 무덤은 건물 중앙 앞쪽에 있고, 그 좌측에 술탄 무라드 4세가 자리해 있다. 술탄 아흐메드 1세의 무덤은 앞쪽 중앙에 가장 큰 것으로 안내판에 "SULTAN AHMED KHAN I, Birth 1590~Death 1617, Regin 1603~1617"라고 쓰여있다. 아흐메드 이름에 'KHAN'이 붙어있다. 그를 이은 오스만 2세, 오스만 2세를 이은 무라드 4세도 'KHAN'이 붙어있어 인상적이다.

입구에 영묘의 배치도가 표시되어 있다.

영묘 내부

히포드롬 광장, 오벨리스크

　히포드롬 광장은 3세기 초 원형경기장 터라고 한다.

　이곳에 있는 오벨리스크는 로마 황제 테오도시우스 1세에 의해 390년 고대 이집트 카르낙 신전에서 옮겨 온 것이다. 화강암 4면에 고대 이집트 파라오 투트모스 3세가 유프라테스강을 점령한 사실을 기리는 내용이 상형문자로 새겨져 있다. 이 오벨리스크의 기단에는 경기를 관전하는 테오도시우스 황제의 모습이 조각되어 있고, 오벨리스크 건립에 관한 비문도 남아있다.

오벨리스크

상형문자

영화 「벤허」의 전차 경주 장면의 배경이 된 곳으로도 유명하다. 203년 로마 셉티미우스 세베루스 황제가 통치하던 시대에 검투 경기장으로 처음 지어졌다. 이후 10만 명 정도를 수용하는 전차 경기장으로 바뀌었고, 비잔틴 제국의 중요한 국가 행사가 이곳에서 개최되었다. 유스티니아누스 1세 때인 532년, 황제에 대한 불만으로 '니카의 난'이 일어나자 폭도들을 진압하고 처형한 비운의 장소이기도 하다.

▶ [네이버 지식백과] 히포드롬 광장 [Hippodrome Square]

블루모스크

아흐메드 광장에서 본 블루모스크

이스탄불에는 모스크가 많이 있다. 모스크는 둥근 돔 형태의 지붕에 첨탑이 특징이다. 우리나라에는 교회가 많다. 정서적으로는 유교와 불교 문화가 대중화되어 있지만, 기독교와 천주교 신자들이 많다. 저녁이 오면 교회 첨탑이 정말 많은 것을 알 수 있다. 이스탄불에 밤이 오면 3만 곳이 넘는 모스크에서 아잔(Azan) 소리가 들린다. 새벽 4시경 지중해를 밝히는 아침이 오고 있음을 알리는 아잔에서부터 정오, 저녁을 알리는 아잔이 울려 퍼진다.

모스크는 이슬람의 무슬림들이 예배를 통해 정신적 구심점을 갖는 곳이다. 모스크를 중심으로 대학과 병원, 도서관, 상점 등이 발달해 있다. 모스크에는 첨탑을 세우는데 작은 모스크에는 1개가 있고, 모스크가 크면 많다. 블루모스크의 첨탑은 6개다. 남녀가 만나는 것을 엄격하게 보고 있는 이슬람 사회에서 모스크는 여성들이 안전하게 외출할 수 있는 장소였다. 모스크 내부에서 여성들을 위한 예배 공간이 별도로 마련되어 있다.

사진, https://pxhere.com/

블루모스크 상단 돔

17세기 초에 건축된 블루모스크는 아름다운 고딕 양식의 첨탑이 여섯 개 세워져 있다. 내부 바닥에는 카펫이 깔려있다. 맨 안쪽 벽면에는 메카의 방향을 표시한 미흐랍이 있고, 나무계단으로 만들어진 민바르(설교대)가 있다. 계단 맨 위의 칸은 신의 자리, 다음 칸은 예언자 무함마드의 자리이다. 종교 지도자 이맘은 그다음 칸에서 설교한다. 예배는 다섯 번 한다. 새벽, 낮, 오후, 일몰, 취침 전에 모스크나 가정에서 자유롭게 하며, 금요일 낮에는 모스크에 많은 사람이 모여 예배를 드린다.[19]

---

19) 이희수(2016), 앞의 책, pp.151-152.

보스포루스 해협, 야경 유람선 투어

    선착장에서 배를 타면 해협을 한 바퀴 돌아온다. 이스탄불의 야경을 한눈에 볼 수 있는 것이다. 소피아 성당, 블루모스크가 보이고, 회색의 대리석 건축에 아름다운 궁전 돌마바흐체를 지나 보스포루스 대교 아래를 지난다. 유럽 쪽과 아시아 쪽이 불과 1km가 될까 말까 한 해협을 유람선으로 통과하면서 동서양의 역사적 현장을 느껴본다.

보스포루스 해협을 지나가는 유람선

유람선 투어

보스포루스 보트 투어 선착장으로 가는 통로에 있는 상점들

보스포루스교 아래에서 관광객들이 야경을 감상하고 있다.

이 해협은 동·서양의 끝이며 교착지였다. 동쪽 중앙아시아에서 달려온 투르크 전사들이 멈추었던 곳이고, 서쪽에서 그리스의 알렉산더 대왕이 전진하다 정지했던 지역, 아시아의 세력과 유럽의 세력이 충돌하고 융합하면서 번성하였던 도시, 이곳이 이스탄불이다. 이곳을 통해 그리스와 로마, 비잔틴, 기독교 문명이 오리엔트로 이동하였고 페르시아, 오스만, 이슬람 문명이 유럽으로 전파되었다.

보스포루스 보트 투어 노선 광고

선착장으로 들어가는 골목은 관광객을 맞기 위한 기념품과 간식을 파는 상점으로 성시를 이룬다. 아시아와 유럽을 잇는 해안을 보기 위해 수많은 관광객이 오가고, 유람선은 20~30분 간격으로 사람들을 실어 나른다. 바닷바람을 맞으며 도시경관을 보기도 하지만, 선상에서 디너를 곁들여 흥겹게 노래하는 페리선도 쉽게 볼 수 있다. 선상에서 바라보면 해협을 따라 모스크와 궁전, 카페에서 스며 나오는 불빛이 바닷물과 어우러져 장관이다.

유람선을 타고 이스탄불 야경을 구경할 수 있는 곳, 동양과 서양, 아시아와 유럽을 연결하는 다리를 볼 수 있는 곳, 양쪽 해변에 아름다운 불빛을 바라볼 수 있는 곳이 보스포루스 해협이다. 지중해와 흑해를 사이에 두고 있는 이스탄불의 보스포루스 해협은 북쪽이 흑해이고, 그 아래쪽은 마르마라해다. 유람선을 타기 위해 가는 길은 인산인해다. 택시를 타고 주변 골목에서 내려 해변의 선착장을 찾아야 한다. 들어가는 골목길은 좁고 꼬불꼬불하다. 나루터 가까운 곳에 기념품과 먹을거리 야시장이 줄지어 서있다. 간식을 사서 길거리 공터에서 먹는 가족들, 연인들이 줄지어 앉아있다.

보스포루스 해협은 유럽과 아시아를 연결하는 통로이다. 이 해협을 통해 지중해와 아프리카를 갈 수 있었다. 육상 실크로드의 끝자락이며, 해상을 통해 교역을 발전시키는 시작점이었다. 사상과 종교, 문화 교류와 무

유람선에서 야경을 감상하고 있다.

역이 일어나는 곳이었다. 지금도 유럽과 아시아를 연결하는 교량 주변은 관광객들이 넘친다. 유럽 쪽에 있는 도시가 이스탄불이고, 아시아 쪽에 있는 도시가 위스퀴다르다.

아시아와 유럽을 연결하는 대형 교량인 보스포루스교는 경관 조명으로 선명하게 보인다. 길이 1.5km, 폭 33m, 1973년에 완공된 이 현수교는 튀르키예 국기 색을 상징하듯이 빨간 색상으로 조명을 비추고 그 교량 아래 보스포루스라고 비추고 있다. 나루터 옆에 있는 고궁, 아니 성곽 같은 곳이 있는데 이곳도 조명으로 더욱 고풍스럽다.

유람선은 한 시간가량의 투어를 마치고 출발했던 곳으로 다시 온다. 유람선 투어를 하는 사람이 많아서인지 오고 가는 유람선이 많고, 유람선에서 노래도 부르고 춤도 춘다. 반대편 해안가에서는 불꽃놀이 폭죽도 쏜다. 튀르키예 사람들이 흥겹게 여흥을 즐기는 것 같다. 유람선에 식탁과 의자가 있어 간단한 음료와 커피, 다과를 즐길 수 있다.

그랜드 바자르

비잔틴 시대부터 이스탄불은 교역의 통로이며 중심지였다. 바그다드, 장안과 더불어 세계 3대 교역 도시 중의 하나였다. 이스탄불 사람들은 그랜드 바자르를 '카팔리차르시(KapaliCarsi)'라고 부른다. '갇힌 시장'이란 뜻이다. 5,000개가 넘는 점포가 20개의 문을 가진 성안에 갇혀있는 모습이다. 시장 안에는 65개의 골목길이 거미줄처럼 얽혀있다. 입구가 어디인지 들어갔던 문으로 나오는 경우는 거의 없다.

시장 안에는 전통 음식, 꽃차를 비롯하여 다양한 향신료가 형형색색으로 진열되어 있다. 카펫, 실크, 금은 제품, 크리스털과 유리 제품, 가죽옷, 화려한 조명 등이 눈을 부시게 만든다. 이 대형 시장은 처음에는 목조건물이 즐비한 시장이었지만, 잦은 화재로 석조와 대리석으로 바뀌었다고 한다.

그랜드 바자르 입구

그랜드 바자르 내부

다양한 향신료

형형색색의 도자기

  비잔틴 시대부터 동·서양 교역의 중심지로, 15세기 오스만 제국 제7
대 술탄 메흐메드 2세의 지시로 건설되었다고 한다. 20여 개의 출입구
가 있는데, GATE 1에 들어서면 아치형 돔에 GRAND BAZAAR라고
금색으로 쓰여있고 KAPALICARSI 1461이라고 표시되어 있다. 1461
년에 개장하여 550여 년의 역사를 가진다는 뜻이다. 시장 안은 복잡
한 통로의 돔으로 되어있는데, 첫 번째로 눈을 사로잡는 것은 금은 세
공 가게다, 금이 너무 많아 금을 도배한 것 같다. 두 번째로는 향신료
가게다. 다양한 견과류와 울긋불긋한 색깔의 온갖 향신료가 가게마
다 가득 차있다. 세 번째로는 카펫 가게, 그다음으로는 물담배, 터키
조명이 화려하게 빛난다. 가장 붐비고 이국적이고 인상적인 곳이 그랜
드 바자르라고 할 수 있다.

예라바탄 사라이, 저수 궁전

이스탄불 지하의 궁전이라는 예레바탄 저수조는 로마 시민을 먹일 수 있는 저수 궁전이었다.

총 8만 톤을 저장할 수 있는 저수 능력으로 대도시가 사용할 물을 수로를 통해 공급이 가능했다고 한다. 아야 소피아 박물관 남서쪽에 저수조로 들어가는 입구가 있고, 대리석 기둥은 336개이며 가로 138m, 세로 65m, 높이 9m이다. 콘스탄티누스 대제 때 시작하여 동로마 제국 유스티니아누스 1세 때 완공되었다. 기둥들은 모두가 신전이 파괴되면서 가져온 것을 사용하였다. 그리스 신화에 나오는 메두사의 머리 받침으로 만든 기둥이 하나는 거꾸로, 하나는 옆으로 뉘어져 있다.

동로마 제국 시대 6세기에 완공되어 '예라바탄 사라이'란 '땅에 가라앉은 궁전'이란 뜻이라고 한다. 지하 계단으로 내려가면 조금 음습한 느낌이다. 발렌스 황제가 만든 수로를 통해 물을 끌어들여 보관했다 식수로 사용했다. 도시의 물 문제가 심각했던 로마 황제는 소피아 성당 남서쪽에 있는 정원을 깊게 파서 저수조를 만들고 4m 정도의 간격으로 기둥을 세웠다. 이곳은 원래 재판이나 법률심의를 하던 곳이었다. 그리고 벽돌로 지붕을 얹었다. 비잔틴 시대 궁전과 소피아 성당에 물을 공급하던 이 저수조는 오스만 제국 때에도 톱카프 궁전에서 물을 사용하였고 20세기 들어서도 오랫동안 주택가에서 이 물을 사용하였다고 한다.

메두사 머리 조각 받침돌

저수조 내부

오스만제국의 멸망을 간직한 돌마바흐체 궁전

'채워진 정원'이란 돌마바흐체 궁전은 오스만 제국의 마지막 역사를 간직한 곳이다. 보스포루스 바닷가에 13년에 걸쳐 지어진 이 궁전은 베르사유 궁전을 본떠 바로크와 로코코 양식으로 매우 호화롭게 지어졌다. 아흐메드 1세가 목재 정자로 지은 건축물이 화재로 소실되자 압둘메지드 술탄(1839~1861)은 호화스러운 돌마바흐체 궁전을 지었다. 285개의 방과 43개 홀, 수많은 크리스털 세공품과 장식, 카펫으로 꾸몄다. 내부 장식에 금 14톤과 은 40톤을 사용했고, 건축경비만 500만 금화가 소요되었다고 한다. 쇠약해지는 국력은 생각하지 않고 제국의 영광을 궁전 건축으로 만회하고자 했다. 유명 건축가, 디자이너, 예술가를 총동원했다.

사진, https://pxhere.com/, 튀르키예 문화관광부

| 돌마바흐체 궁전 | 궁전 내부 |

제국이 패망에 이르는지 모르는 술탄 압둘아지즈는 1874년에 또 다른 츠라안 궁전을 북쪽 해안에 지었다. 또한 그를 이은 압둘하미드

2세는 이 궁전이 마음에 들지 않아 그 옆에 있던 별궁을 개조해 그곳에서 국사를 보았다고 한다. 게다가 보스포루스 해협 아시아 해변 쪽에 여름 별장인 베일레르베이 궁전을 지었다. 지금은 이들 궁전 위로 유럽과 아시아를 잇는 보스포루스 다리가 지나간다. 관광객들이 찾는 주요 코스이기도 하다.

오스만 제국이 제1차 세계대전에서 패하고 1923년 터키공화국으로 탄생하자 터키 의회는 국가 패망의 책임을 물어 황족들의 모든 재산을 압류하고 추방한다. 앙카라가 수도가 되자 초대 대통령 아타튀르크는 이스탄불에 오면 이곳에서 머물렀고, 이곳에서 임종을 맞았다. 15살의 마지막 황태자 메흐메드 6세는 파리로 떠돌다가 중동을 오가며 택시 기사와 경비, 청소부 등으로 연명하였으며, 이후 노쇠한 83살이 되어서야 동정 여론으로 돌마바흐체 궁전이 보이는 보스포루스 해협에 왔었다고 한다. 거대 제국의 쇠망을 감내하기 어떠했을까 생각해 본다.

카파도키아[20]

이스탄불에서 사비아 괵첸 공항으로 가서 카이세리로 가는 비행기를 타면 카파도키아로 갈 수 있다. 공항에서 내려 택시를 타고 1시간 30분 이상 가야 한다. 지리적 위치는 네브셰히르와 카이세리, 니데를 연결하는 삼각지대이며 괴레메, 위치히사르, 젤베가 유명하다. 아침에 일어나 마을을 바라보면 기기묘묘한 버섯바위로 만들어진 마을을 발견할 수 있다. 현지 가이드들은 카파도키아를 "아름다운 말이 노니는 땅."으로 설명한다, 말을 타고 버섯처럼 생긴 마을을 구경할 수 있고, 곳곳에 있는 레스토랑에서 차와 음료, 식사를 즐길 수 있다.

암석을 파서 만든 호텔

호텔 내부(세면대)

---

20) 나무위키(https://namu.wiki/) 및 naver.com

버섯 모양의 암석과 사람들이 굴을 파서 살았던 집

　마르코 폴로가 『동방견문록』에서 극찬했다고 하는 카파도키아는 약 300만 년 전 4천m의 엘지에스 화산이 폭발하면서 생겨난 용암층이 이후 수백만 년 동안 풍화와 침식을 통해 오묘한 버섯 모양 지층이 만들어졌다. 카파도키아는 예전 소아시아 중앙에 위치한 곳이었다. 4~13세기에 걸쳐 만들어진 기암마을은 중앙 아나톨리아 고원 한가운데에 있는데, 과거 이곳은 대규모 폭발이 일어났던 화산 지역이었다. 마그마 분출로 만들어진 용암바위 주위로 폭발 후폭풍인 화산 분진이 내려앉아 응회암으로 굳어져 둘러싸였는데, 응회암은 화성암에 비해 경도가 약하기 때문에 쉽게 깎여나가니 카파도키아 지역 특유의 버섯바위들이 만들어진 것이다. 역사적으로는 과거 히타이트부터 시작하여 페르시아, 지명의 유래인 카파도키아 왕국, 로마 제국, 동로마 제국의 흥망성쇠를 거듭하며 꾸준히 사람이 살아왔고, 실크로드가 통과하는 지점 중 하나로, 대상들이 잠시 머물다 가는 곳이기도 했다. 그중에서 이 지역의 주요 관심사인 동굴에 관한 것은 동로마 사람들이 아랍의 심한 간섭과 박해를 받게 되자 9세기경에 일부가 이곳으로 도망쳐와 굴을 파고 숨어 살게 되었던 것이 기원이라 한다.

Kaymakli Yeralti 지하 도시 모형도

지하 내부 대형 돌

지하 거주지의 맷돌

출입용 돌문(stone door)

호텔 외부

레스토랑 중식 메뉴

히타인들의 은거지에서 기독교인들의 지하 거주지였던 이곳은 사람들이 핍박을 피해 거주할 수 있도록 지하에 하나의 도시를 형성했다고 볼 수 있다. 부엌과 예배 공간, 음식을 만들기 위한 맷돌, 공기 통로 등 예전 주민들의 실생활을 발견할 수 있다. 데린구유 지역은 그리스도교인들이 종교박해를 피해 거주하던 곳으로 그 규모가 3천~5만 명에 이르며, 카이마클리 지하 도시는 2만 명 정도 살았다고 한다. 이 지하 도시에는 학교, 식당, 창고, 와인 저장고 등이 있어 공동생활이 가능했다고 한다.

유네스코 문화유산으로 등재된 괴레메 야외 박물관에서는 이곳에 거주했던 앗시리아, 히타이트, 로마, 비잔틴, 이슬람 등 다양한 민족의 문화를 찾아볼 수 있다. 괴레메는 프레스코화 암석 교회의 복합단지로 클루츨라, 카란릭, 토칼리 교회가 있고, 오르타히사르 성은 바위 안쪽에 있다. 괴레메에서 열기구를 타고 내려다보면 수천 년 역사의 화산지형과 기이한 바위 모양, 기암괴석에 감탄하게 된다. 약 100유로이면 열기구를 타고 신과 자연이 빚어놓은 버섯 모양의 기묘한 성채, 특히 새벽에 떠오르는 태양을 맞으며 공중에서 내려다보면서 즐길 수 있다. 석회암 자연 관광지 카파도키아는 네브셰히르 동쪽의 괴레메, 우치하사르, 오르타히사르, 위르귀프, 추부쉰 일대에 해당한다. 구글 어스 주요 하천으로 위르귀프를 관통해 크즐으르마크 강으로 합류하는 담사강이 있다.

사진, https://pxhere.com/

열기구

오묘한 모양의 암석들을 보는 관광객들

　이곳이 사암 지대이기 때문인지 도자기 공예가 발달되어 있고, 직접 체험도 할 수 있다. 굉장한 수준의 예술성 있는 고가의 작품들이 있는데, 사진을 찍지 못한다. 버스로 투어를 하다가 보면 카파도키아 주변에 무진장하게 있는 모래를 이용해 콘크리트 블록을 생산하는 공장 같은 곳이 많이 있는 것을 볼 수 있다. 그리고 생산되는 원석을 가공해서 다양한 보석과 세공품을 판매하는 곳도 있다.

도자기 제작 방법 설명   여러 형태의 도자기

전시된 보석   보석을 가공하는 원석

튀르키예 음식

이스탄불에서 가장 흔한 음식은 빵과 케밥이다. 튀르키예 전역에서 매일 식사 시간에 먹는 국민 빵을 '에크멕(Ekmek)'이라 한다. 저렴한 가격으로 어느 식당에서나 구할 수 있는 빵이다. 치즈와 잼을 발라 간

사진, https://pxhere.com/

시밋

단한 차와 함께 마시면 최고다. 에크멕과 비슷한 간식이 '시밋(Simit)'이다. 참깨를 뿌린 갈색의 빵이라고 할 수 있다.

케밥은 두 가지가 있다. '쉬시 케밥'은 고기를 잘라 꼬챙이에 끼워서 구워 먹는 것이고, '되네르 케밥'은 양고기를 얇게 잘라 쇠꼬챙이에 차곡차곡 끼워 넣고 그 위에 향료와 양념을 하면서 원통형으로 쌓아올린 것이다. 그리고 숯불 화덕에 돌리면서 긴 칼로 익은 부분을 잘라내면서 먹는 음식이다. 고기는 주로 쇠고기와 양고기, 닭고기다. '피르졸라'는 양고기 갈빗살을 구워 채소와 과일을 함께 먹는 음식이고, '타욱카낫'은 닭 날개에 양념하여 숯불에 구운 것이다. 돼지는 유목민들에게 이동성이 떨어지고 가죽도 쓸모가 없다. 여름철에 쉽게 상하기 때문에 이슬람 관습으로 먹지 않는다. 케밥 외에도 채소, 육류, 생선,

밀가루로 만든 다양한 음식이 레스토랑에 가면 많이 있다.

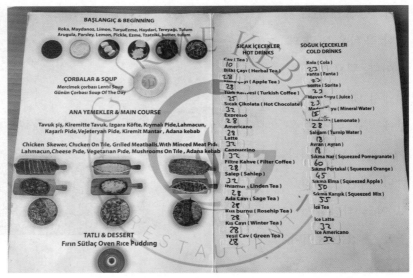

차림표

카흐왈트   쉬쉬케밥

'카흐왈트(Kahvalt)'는 튀르키예 아침 식단에 자주 나오는 음식이다.

토마토, 올리브, 삶은 달걀, 오이, 치즈 등을 소스에 발라 먹는다. 신선

한 과일과 채소가 곁들어 있어서 웰빙 차림이다. '피데(Pide)'는 밀가루 반죽에 다진 고기나 치즈를 얹어서 화덕에서 구워낸 길쭉한 피자 같은 것이다. 튀르키예에서는 하루에도 몇 번 차를 마시면서 반가운 손님과 담소를 나눈다.

피데

차이

이스탄불 카페

골든 혼이 보이는 레스토랑

여행 중 커피와 차를 마시는 낭만은 여가와 휴식의 백미다. 이스탄불은 카페의 기원이 되는 도시로, 역사상 최초의 카페인 '차이하네(Cayhane)'를 연 곳이다. 찻집이란 뜻으로 모카 원두를 끓여 귀족과 고위층에게 파는 카페가 16세기 오스만 제국의 절정기에는 이스탄불에 600곳 이상이 있었다고 한다. 골든 혼의 석양을 바라보며 젊은이들의 최고 데이트 코스인 '피에르 로티(Pierre Loti)'라는 찻집을 찾아보는 것도 좋다. 프랑스 작가 피에르 로티가 12권의 소설을 집필했다는 이 찻집은 관광객들로 붐비는 곳이다. 이스탄불에서는 아침 늦게 지인들과 커피 한 잔을 마시면서 서너 시간 대화를 나눈다. 가까운 사람들과의 커피 한 잔은 가슴을 터놓는 시간이지만, 남녀 간의 커피 한 잔은 로맨스의 타임이다.

유명 찻집을 방문하지는 못했지만 골든 혼이 보이는 레스토랑에서 아내와 딸과 함께 아침 식사를 하고 왔다.

이스탄불과 제국의 꿈

오스만 제국의 전성기를 이끈 슐레이만 1세는 거침없었다. 이 시기의 오스만 제국은 헝가리의 대부분과 크로아티아를 점령했었다. 오스만 제국에 예속된 지역들은 재화와 병력을 조공으로 바쳐야 했다. 당시 오스트리아 빈은 오스만 제국령에서 지척의 거리에 있었다. 오스트리아의 동부 지역은 헝가리 평원으로 오스만의 침공에 대비하기 쉽지 않았고, 도나우강으로 인해 북쪽 신성로마 제국 독일 제후들의 지원을 받기 어려운 지역이었다. 빈은 경제적으로도 중요한 곳이었다. 유럽의 양대 교역로라 할 수 있는 도나우강과 유럽의 실크로드로 불린 호박로(지중해와 북유럽, 즉 아드리아해의 베네치아와 발트해의 페테르부르크를 남북으로 연결하는 교역로)에 위치하고 있었다. 군사적으로는 서쪽의 알프스, 북쪽의 카르파티아 산맥 사이에 위치하여 서유럽으로 가는 관문이었고, 이슬람을 확대하여 가톨릭 세계를 흡수할 수 있는 곳이었다.

슐레이만은 이미 가지고 있는 중동의 교역권은 물론이고 지중해 해상권을 확보하여 서구 해상세력을 견제하려 하였고, 동부 아나톨리아와 바그다드를 포함한 이란 일부를 차지하였다. 그는 인도-중동-유럽을 잇는 동방 교역의 패권을 위해 인도 원정을 단행했다. 오스트리아를 거쳐 유럽에 진출하여 제국을 꿈꾸려 했다. 합스부르크를 패퇴시켜 이슬람 세계를 통치하려 했다.

선대의 유업을 물려받은 오스만 제국은 1682년 10월 19일 300문의 대포와 20만 대군으로 이스탄불에서 출발하여 1683년 5월 3일

베오그라드에 도착하였다. 오스만 제국의 재침을 예상하던 오스트리아 레오폴드 1세는 1683년 1월 26일 바이에른 왕국과 방어동맹을 체결하였다. 가톨릭 교황은 폴란드와 오스트리아가 방어동맹을 체결하도록 설득하고 전쟁기금 지원을 약속했다. 오스만 군대는 교량을 새로 건설하며 7월이 되어서야 빈 동쪽 40km에 도달할 수 있었다. 빈의 방어군보다 두 배나 많은 병력이었지만, 초기에 오스트리아군에 의해 타타르 부대원 200명이 전사하였다. 그러나 오스트리아 황제군은 빈의 요새에 포위되어 갇히게 되었고 요새 밖 시가지는 오스만 제국군이 장악했다. 오스만의 카라 무스타파 대재상은 오스트리아 빈 요새를 포기할 것을 종용하였으나 당시 요새의 슈타르헴베르크 백작은 이를 거부하면서 버텼다. 빈의 방위군은 도나우강 얕은 쪽을 이용하여 보급을 받으면서 견뎠다. 빈 북쪽에서도 오스만 제국군의 공격은 실패했다. 여기에 카라 무스타파는 메흐메드 4세의 이견과 분노를 진정시키기 위해 빈 요새를 우선 점령하려 했으나 실패로 끝나고 이는 술탄의 퇴진과 쿠데타로 이어진다. 오스만 군대의 보급품은 부다(Buda)에서 조달되어야 했는데 전쟁 기간이 길어져 바닥을 드러내고 있었다.

오스트리아에는 1683년 8월 말이 되어서 폴란드 동맹군이 도착하였다. 도나우 강 상류 소도시인 칼렌베르크에 황제 동맹군으로 막시밀리안 2세의 바이에른군 등 오스트리아-폴란드 동맹군 65,000명과 오스만 제국군 10만 대군이 집결하여 대결하게 되었다. 오스만군의 지휘관들은 빈의 요새 공격과 칼렌베르크 야전 전투를 동시에 수행하려는 전술적인 합의가 없이 속도전에 집중하여 패배를 자초했다. 오스트리아-폴란드 동맹군은 보병과 기병으로 우회, 오스만 제국군의 배후를 공격했다. 오스만 제국군은 혼란에 빠져 헝가리 국경을 넘어 패퇴하였다. 기병 공격으로 참여한 폴란드 군대는 우크라이나의 카자흐인들로 구성된 용병들이었다. 이로써 1683년 7월 14일부터 시작된 2개월간의 전투는 9월 12일 막을 내리게 되었다. 오스만 제국의 칼렌베르크 전투의 패배는 오스만 제국이 중부유럽에서 추구한 패권 장악 정책의 종말을 의미했다.[21]

보스포루스교

톱카프궁전 펠리시티의 문

---

21) 임종대(2013),「오스트리아의 역사와 문화1」, 서울: 유로서적, pp.446-463.

위대한 세기를 바라보다

오스만 제국의 꿈은 여기서 중단되었지만, 초원길을 따라 이동한 투르크족은 중앙아시아에서 알타이 산맥 서쪽으로, 그리고 아랄해와 페르시아 국경을 넘어 아나톨리아에 진출했다. 아나톨리아 작은 부족 국가에서 출발한 오스만 왕조는 남쪽으로는 지중해, 북쪽으로는 흑해까지 뻗어 나가고, 유럽 쪽으로는 헝가리와 보스니아, 크림반도까지, 아시아 쪽으로는 이란, 아프간 지역까지, 북아프리카로는 이집트, 알제리, 튀니지까지 제국을 확장한다.

1453년 오스만 제국의 메흐메트 2세는 기상천외한 전술로 동로마의 수도 콘스탄티노플을 공략한다. 샤드(Shad)라는 대포와 군함을 육지로 끌어올려 비잔틴 성벽을 무너뜨린 것이다. 이로써 콘스탄티노플은 이스탄불이 되었고, 유럽을 공략하는 길목에 교두보를 마련하게 되었다. 투르크인들에 의해서 카누니(입법자)라고 불린 슐레이만 1세(1520~1566), 그는 진정한 의미의 오스만 국가와 사회를 구축하고 오스만 최대의 영토를 이룩했다.

종교적으로 그들은 이슬람을 수용했고, 성 소피아 성당을 모스크로 개조했다. 그러나 가톨릭이 남긴 모자이크 성화는 보존되었다. 이슬람교를 통해 강온의 정책으로 제국을 형성했다. 잘나가던 제국의 쇠퇴는 제위 다툼으로 인한 지도층의 분열, 대외정세를 간과한 치세, 황궁의 건축으로 인한 재정 지출, 계속된 전쟁으로 인한 국경선 확장으로 시작되었다. 지도층의 분열은 투르크 전사들을 약화시켰고, 지나친 조세와 소비는 국가 재정을 파탄 나게 했으며, 넓어진 국경선에는 물자를 조달할 수 없었다.

오스만 제국의 영광과 화려함은 톱카프 궁전에서 볼 수 있다. 눈을 의심케 하는 금은보화로 장식된 갑옷과 장식품, 단검과 칼 등이 그 권력의 단면이다. 금빛으로 단장된 궁전의 건축물과 복식들도 볼거리다. 그러나 형제들 간의 권력다툼을 차단하기 위한 그들 간의 교살은 사뭇 비정하기까지 하다. 제위를 물려받지 못하면 하렘에 있는 새장 같은 곳에서 살아야 했고, 죽임까지 당해야 했다. 이러한 영광과 좌절을 다룬 드라마가 TV 채널을 통해 방영되곤 했다. 드라마 『위대한 세기』를 보면서 제국의 심장 이스탄불을 여행했던 골든 혼과 보스포루스 해협의 황금빛 노을이 떠올랐다.

PART 02
오스트리아

Austria

오스트리아 기본 정보

인구	895.6	만 명(2021년)
면적	83,871	km²
수도	빈(Wien)	
정치체제	의원내각제	
종교	가톨릭, 개신교, 이슬람교	
언어	독일어	
통화	유로(€)	EUR
환율	1€=1,391.62원	2023. 2. 25. 기준

오스트리아의 역사

✎ 할슈타트와 민족대이동

소금광산으로 유명한 오스트리아 할슈타트는 중부 유럽 문화의 발상지로 철기 문화가 꽃피웠던 곳이다. 이 문화는 인도게르만족의 한 부족인 일리리아인들에 의해 창조된 것으로 알려져 있고, 이들의 유적이 빈의 자연사 박물관을 비롯한 여러 곳에 남아있다. 이 문화는 켈트족에 의해 계승되었다. 한때 로마인들이 동진하여 알프스 지역과 도나우 지역을 편입시키면서 오스트리아 땅 대부분은 로마 제국의 지배를 받게 된다. 빈은 이 시기에 문화적으로나 경제적으로 발전하였다. 서기 300년을 전후로는 로마가톨릭교가 전파된다. 유목민족인 훈족의 아틸라가 유럽을 침략했을 때 도나우강 지역도 민족의 대이동 물결에 휩싸였고, 로마 제국의 쇠퇴와 동·서로마 제국의 분열에 따라 로마인들도 도나우 지역으로부터 철수하여 488년까지 모두 떠났다. 5세기 중엽 훈족의 아틸라 왕이 사망하자 여러 민족이 도나우 지역으로 들어왔다. 게르만족, 슬라브족과 기마민족인 아바르족, 마자르족이 유입되었다. 이 와중에도 잘츠부르크의 성 베드로 수도원과 베네딕트 교단이 세운 논베르크 수녀원 등의 유적이 세워졌다.

제국의 탄생

서로마 제국이 멸망한 후 게르만 민족에 의해 세워진 프랑크 제국은 843년 동서로 분리되었다. 그 후 서프랑크는 프랑스로, 동프랑크는 신성로마 제국으로 발전했다. 이 과정에서 게르만인들은 자신들을 프랑스와 이탈리아(남프랑크)의 로만(라틴)민족과 구별하여 독일인이라 했다. 프랑크 제국의 황제 카를 대제는 게르만 민족을 규합하고 통합한 황제였다. 그의 손자 루트비히 1세는 신성로마 제국의 전신으로 간주되는 동프랑크 제국의 초대 국왕을 이었다. 카를 대제는 파노니아를 침범한 아바르족을 굴복시키는 데 전력을 기울여 빈 동쪽에 오스트마르크라는 변경구를 설치한다. 오스트마르크 변경구는 880년 마자르족과 전투에서 대패하였고, 907년에는 프레스부르크 전투에서는 전멸당하였다. 이후 48년의 공백기를 거친 후에 오토 1세(912~973)는 레히펠트에서 사흘간의 전투 끝에 마자르족 군대를 섬멸하고 오스트마르크를 제국의 동쪽 방벽으로 삼았다. 오토 1세는 레히펠트 전투 7년 후인 962년 요한 12세 교황으로부터 로마 황제의 칭호를 받는다. 그는 작센 공작 출신으로 이후 844년 동안 지속될 신성로마 제국의 첫 황제다. 신성로마 제국은 962년부터 1806년까지 로마가톨릭 교황이 공인한 1인의 황제에 의하여 통치되었고, 동프랑크 제국이 그 전신이라 할 수 있다. 오토 1세는 신성로마 제국의 황제로서 교황에 의해 부여된 성직 서임권과 종교적 권한 그리고 작센 왕가가 보유한 강력한 군사력으로 영방들을 다스리는 능력을 보였다.

🖋 신성로마 제국, 합스부르크 왕가

신성로마 제국의 황제는 독일 제국의 국왕 알브레히트 2세 (1438~1439)와 비텔스바흐 왕가 출신 카를 7세(1742~1745)를 제외하면 프란츠 2세가 1806년 신성로마 제국 해체를 선언할 때까지 모두 합스부르크 왕가에서 선출되었다. 독일 제국의 황제는 신성로마 제국의 헌법인 금인칙서가 규정한 황제 선출권을 가진 7인의 선제후에 의해 단순 다수결 투표로 선출되어 교황의 인준을 받는 절차를 밟았다. 1562년 이후 신성로마 제국의 대관식은 프랑크푸르트 대성당에서 거행되었다. 1278년 합스부르크가의 루돌프 1세가 초대 황제로 즉위하면서 1918년까지 640년간 합스부르크 왕가는 절대 왕조를 유지했고, 정략결혼과 쇠퇴한 영주의 소유지를 사들이는 방식으로 영토를 확장했다. 1740년 마리아 테레지아가 왕위에 오르면서 근대국가로의 기반을 만들었고 제국은 번성했다. 그러나 연이은 대불전쟁 패배로 1804년 프란츠 2세는 나폴레옹에 대응하여 신성로마 제국 대신 오스트리아 황제로 칭한다. 이어 라인동맹으로 제후들이 이탈하면서 유럽 패권을 장악했던 신성로마 제국은 와해 된다. 이후 잇따른 전쟁, 속령 이탈로 제국은 기울고, 1867년에는 오스트리아-헝가리 제국을 결성하여 동유럽과 구소련 일부까지 지배하지만 역부족이었다.

📝 제국의 붕괴

계속된 영토 확장과 수탈 정책은 주변국에 반발을 일으키기 충분했고, 1914년 사라예보 사건이 발생했다. 제국의 왕위 계승자인 페르디난트 부부를 암살한 이 사건의 배후가 세르비아로 밝혀지자 오스트리아-헝가리 제국은 세르비아에 선전포고를 한다. 이에 러시아가 세르비아를 지원하는 총동원령을 내리고 오스트리아와 군사동맹을 맺은 독일이 러시아와 프랑스에 전쟁을 선포함으로써 제1차 세계대전이 발발한다. 전쟁에 패한 독일, 오스트리아-헝가리는 영토를 할양함으로써 체코, 헝가리, 유고, 폴란드가 독립하게 된다. 합스부르크 왕가는 종식되고 제국의 영토 중 17%만 남긴 채 1918년 오스트리아 공화국이 수립된다. 이후 민족주의 흐름에 따라 1938년 나치 독일의 오스트리아 병합이 저항 없이 이루어지고, 전후 배상금에 대한 독일의 불만과 패권 야욕이 1939년 독일의 폴란드 침공으로 이어져 제2차 세계대전을 촉발한다. 그 결과 오스트리아 지역은 미·영·불·소에 의해 분할 점령되고, 오스트리아는 1955년 영세 중립국으로 다시 출발해야 했다.

🖋 음악과 예술의 나라 오스트리아

오스트리아라는 이름은 오토 3세가 통치할 당시 동쪽의 나라 (Österriche)라는 이름에서 기원하고 있다. 아름다운 자연 알프스가 병풍처럼 있고, 합스부르크 왕가의 풍부한 문화유산과 모차르트, 베토벤, 브람스, 요한 시트라우스, 슈베르트 등 저명한 음악가들과 크림트, 에곤 실레 등 예술가들이 있어 수도 빈과 잘츠부르크 등에 수많은 사람을 끌어들이고 있다. 1995년 EU 회원국이 되었고, 여행과 통행의 편의를 위한 셍겐 협약에도 가입되어 있어 독일을 포함한 슬로베니아, 체코, 헝가리를 자유로이 이동할 수 있다.

오늘날 오스트리아는 9개 주로 구성된 연방공화국이다. 의회민주주의를 채택하여 실제 권력이 정부의 수반인 총리에게 있다. 대통령은 6년에 한 번 국민투표로 선출하며, 1차 선거에서 과반표를 획득한 후보가 없는 경우 다득표자 두 명을 2차에서 뽑는다. 의회는 국민의회(Nationalrat)와 연방의회(Bundesrat)으로 구성된다. 하원 격인 국민의회는 연동형 비례대표제로 직접선거로 선출되는 5년 임기의 183명으로 구성되고, 상원 격인 연방의회는 각 주를 대표하는 인구비례에 의하여 간선으로 선출되는 5~6년 임기의 61명으로 의석이 배정되는 형태이다. 유권자는 정당뿐만 아니라 지지하고 싶은 후보 3명까지 투표할 수 있다.

▶ [참고: 임종대(2014), 『오스트리아의 역사와 문화』, 서울: 유로, ㈜nsf삼성출판사(2000), 『자신만만 세계여행 유럽』, 서울: ㈜삼성출판사, 박현숙·황현희·박정은·유진선(2008), 『프렌즈02 유럽』, 서울: 중앙북스㈜, 네이버 지식백과, 나무위키(namu.wiki)]

빈(Wien)

오스트리아는 유럽의 중심부에 있으며 스위스, 독일. 체코, 헝가리 등 8개국과 국경을 접하고 있다. 인구는 2021년 기준 895만 명을 조금 넘으며, 국토 면적은 한반도의 절반 정도이다. 독일어가 공용어이며 90% 이상이 게르만 민족이고, 국민 74%가 가톨릭을 믿는다. 우리나라와의 인연은 초대 이승만 대통령 부인인 프랜채스카 여사로 특별한 유대 관계를 갖는 곳이다. 이승만은 독립운동을 위해 스위스 제네바에 왔다가 우연한 인연으로 여사를 만났고, 오스트리아 빈을 왕래한 것으로 알려져 있다.

오스트리아는 1156년 바벤베르크 가문의 공국으로 건국되었고, 13세기 말부터 합스부르크 왕가의 지배를 받았다. 1452년부터 신성로마제국의 황제를 배출하여 1806년 프란츠 2세가 황제권을 포기할 때까지 이어졌으며, 1867년 형성된 오스트리아·헝가리 제국은 제1차 세계대전 패배 이후 제국과 왕가가 해체되었고 연방공화국이 되었다. 수도 빈(Wien)은 영어로 비엔나(Vienna)로 표기하는데, 이곳은 오스트리아 경제와 문화의 중심이 되는 도시이다. 빈은 640여 년간 유럽을 지배했던 합스부르크 왕가의 수도로, 옛 영광을 보여주는 건축물들과 예술품들이 곳곳에 자리하고 있다. 오페라와 발레를 공연하는 오페라 하우스와 미술, 건축, 문화 등이 전 세계에서 찾아오는 여행객들의 관심이 집중되는 곳이다. 시내 중심에는 고딕 양식의 화려한 건축물들이 있는데, 특히 슈테판 대성당, 쇤브룬 궁전, 모차르트 하우스, 벨베데레 궁전 등의 아름다운 자태가 역사에 빛났던 영화를 알게 해준다.

합스부르크 왕가

합스부르크가는 중세부터 20세기 초까지 긴 시간을 신성로마 제국의 황제 자리를 이어왔다. 유럽의 중심부에서 혼인 관계를 맺으며 확장해 나가면서 이 왕조의 지배권은 독일은 물론 오스트리아에서부터 스페인, 이탈리아, 체코, 헝가리, 브라질, 인도네시아까지 미치고 있었다. 세력이 확장되어 카를 5세는 무려 70가지 이상 직함을 받아 군주 중에 가장 많은 직위를 가진 사람이 되었고, 마리아 테레지아도 40개 이상이었다. 합스부르크 가문은 1438년부터 1806년까지 신성로마 제국의 제위를 차지했고, 오스트리아의 왕실을 600년 동안 지배했다.

루돌프 1세

사진, https://www.habsburger.net/

마리아 테레지아

합스부르크 가문

사진, https://www.habsburger.net/

합스부르크의 기원은 10세기 말쯤 스위스 북동부 시골에서 시작되었다. 라인강 상류 가난한 호족이었던 합스부르크 백작 루돌프는 13세기 초 독일 왕 제위를 맡게 된다. 신성로마 제국은 962년 오토 1세에 의해 시작되는데, 이 제국은 로마 교황의 승인하에 황제가 되는 구조였다. 13세기 당시에는 제위를 둘러싼 다툼이 심하였고, 선제후들은 뛰어난 인물보다는 충성심 강한 사람을 필요로 했다. 이 시기에 기회를 잡은 사람이 신성로마 제국 황제 루돌프 1세다. 그는 1278년 빈 북동쪽 마르히펠트 전투에서 승리함으로써 황제의 권위를 세우게 된다. 이때 오스트리아를 점령하고 있던 보헤미아 왕을 격퇴하고 본거지를 오스트리아로 옮기게 된다.

이후 루돌프 1세의 합스부르크가는 경쟁 가문의 견제를 받게 되어 다른 가문에게 황제의 자리를 넘겨주게 된다. 그러나 150년이 지난 15세기 말 합스부르크가 막시밀리안 1세가 다시 황제의 자리에 오르게 되고, 영토를 부르고뉴, 에스파냐, 헝가리까지 넓히게 된다. 그의 궁정은 인스브루크에 있었는데 이곳에 있는 '황금 지붕'이 아직도 관광 명소로 남아있다. 이 지붕은 막시밀리안 1세가 기존의 영주관에 발코니를 증축하고 지붕의 동판 2,657장을 금박으로 입혀 햇빛을 받으면 반짝거린다.

1273년 이후 합스부르크 가문은 신성로마 제국을 통치하였고 1438년부터 1806까지 끊임없이 통치하였다. 고대 로마제국의 후신으로 평가되며 13세기에 '신성'이라는 수식어가 추가되었고, 황제라는 칭호와 단단히 연결되어 군주를 능가하는 권한을 가진 존재로 여겨졌다. 황제 막시밀리안 1세는 천사들과 악마의 제자인 적그리스도와 맞서고 튀르크인들을 무찌르고, 콘스탄티노플을 해방하고 무슬림의 손아귀에서 성도 예루살렘을 되찾으라는 '마지막 황제'를 본떠 그의 초상화에 '우뚝한 이마, 높이 솟은 눈썹, 부릅뜬 분, 매부리 코' 같은 특징을 반영하게 했다. 15~16세기 르네상스 시기에는 합스부르크 가문의 황제를 고대 그리스와 로마의 황제처럼 표현했다.[22]

황금 지붕

막시밀리안 1세

초상화, https://www.habsburger.net/

22) 마틴 래디(2022), 「합스부르크 세계를 지배하다」, 박수철 역, 서울: 까치글방, p.23.

합스부르크 왕가는 결혼 정책으로 영토를 확장한 것으로 잘 알려져 있다. "다른 이들이 전쟁하게 두어라, 그대, 행복한 오스트리아여 결혼하라(Bella gerant alii, tu, felix Austria, nube)!" 이 말은 합스부르크 가문에서 내려져 오는 말이다. 합스부르크 가문이 공공연하게 결혼으로 동맹을 맺어 왔음을 알 수 있다.

이 가문의 최전성기는 룩셈부르크 가문이 다스리던 보헤미아와 헝가리라는 두 강국을 가문의 영향력에 두기 시작하면서이다. 보헤미아 왕의 황제 선출권을 손에 쥔 합스부르크에 의해 신성로마 제국의 제위는 선출을 명목으로 세습화하게 된다. 막시밀리안 1세는 프랑스가 브르타뉴 공국으로 손을 뻗자 브르타뉴 공녀 안느와의 정략결혼을 추진했고, 결혼 동맹으로 유력 가문들을 자신의 편으로 끌어들였다. 특히 부르고뉴의 마리와의 사이에서 나온 아들인 필립을 스페인 카스티야 왕국의 왕녀 후아나와 결혼시키고, 딸을 왕세자 후안과 결혼시켜 스페인과의 결혼 동맹을 결성했다. 이는 프랑스를 고립되게 했다. 막시밀리안 1세의 손자인 카를 5세는 영민한 군주로 이 시대의 합스부르크는 최전성기를 맞는다. 카를 5세 치하의 합스부르크 제국은 프랑스와 맞붙어 이탈리아를 완전히 합스부르크의 영향력 아래로 편입시켰고, 오스트리아-스페인 동맹에 의해 프랑스도 손아래 둔다. 거침없었던 합스부르크의 패권은 종교개혁과 오스만 제국에 의해 제동 걸린다.

16세기 마르틴 루터에 의해 촉발된 종교개혁은 신성로마제국을 분열시켰다. 여기에 오스만 제국의 술레이만 1세가 헝가리를 무너뜨리고 1529년 오스트리아 빈을 포위한다. 광대한 영토로 전선을 확장시키는 것은 위기였다. 카를 5세는 겨우 제국을 지켜내어 후계자에게 넘겨주는 데 성공하지만, 막시밀리안 1세가 시도한 절대왕정 수립은 무산되었다. 합스부르크의 중흥은 18세기에 찾아왔다. 오스트리아는 빈 포위를 극복하면서 오스만 제국을 극복할 수 있다는 자신을 얻었다. 러시아와 폴란드를 우군으로 끌어들여 헝가리 동부를 탈환하고 숙적 프랑스를 꺾게 된다. 프랑스의 부르봉 왕가는 프랑스 혁명으로 점차 쇠퇴의 길로 간다.

여제를 인정하지 않는 신성로마 제국에서 카를 6세가 적장자를 남기지 못한 채 죽게 되자, 딸 마리아 테레지아는 로트링겐 가문의 남편 프란츠 1세와 결혼하여 가문을 이어받는다. 그러나 실권은 마리아 테레지아에게 있었다. 마리아 테레지아는 치세 동안 보헤미아와 크로아티아, 폴란드까지 통치권에 넣었다. 19세기에 들어 합스부르크 가문은 위기를 맞는다. 프랑스에 시집간 마리 앙투아네트의 부르봉 왕조가 뒤집히고 프랑스에 혁명 정부가 들어선 것이다.

마리아 테레지아는 합스부르크 왕가의 통치자(1740~1780) 아버지 Charles VI의 죽음으로 왕의 자리를 이어받았고 수많은 개혁을 시행했다. 엄격한 가톨릭 신자였던 그녀는 다른 고해성사에 대해 거의 관용을 나타내지 않았다고 한다. 그녀는 남편 프란츠 슈테판(Franz Stephan) 사이에 16명의 자녀를 낳았으며, 이후 모성 헌신의 모델로 이상화되었다.

마리 앙투아네트는 프랑스의 여왕(1775년~1792년)이 된 합스부르크 왕이다. 마리아 테레지아의 막내딸인 마리 앙투아네트는 새로운 합스부르크-프랑스 동맹을 강화하기 위해 프랑스 왕위 계승자인 루이 16세와 결혼했다. 그녀는 프랑스 여왕의 역할을 준비하기 위해 철저한 교육을 받았다. 그녀의 신하들은 그녀를 거만하고 방탕한 사람으로 여겼다. 프랑스 혁명이 발발한 후 왕실은 탈출을 시도하다가 붙잡혔고 마리 앙투아네트는 반역죄로 단두대에 올랐다.

[사진: https://www.habsburger.net/]

이후 프랑스의 패권을 휘어잡는 나폴레옹 보나파르트에게 이탈리아까지 내주게 된다. 합스부르크는 러시아, 프로이센과 손잡고 공동 전선을 결성했으나 치명타를 입고 신성로마 제국 자체가 와해당한다. 마리아 테레지아는 딸 마리 루이즈를 나폴레옹에게 시집보내는 수모도 겪는다. 무너지는 데 불과 10여 년 걸린 것이다. 제1, 2차 오스트리아 전쟁에서 프랑스에 패하였으나 나폴레옹도 러시아 원정 후 몰락하자 이를 틈타 잃었던 영토를 수복하고 유럽 왕정의 주도권을 잡는다. 유럽을 뒤흔든 민족주의의 파고 속에서도 합스부르크는 건재하며 오스트리아를 고수했고, 프란츠 요제프 1세의 즉위와 함께 헝가리와의 연립 정권을 구성하여 새로이 오스트리아-헝가리 제국을 출범시킨다. 19세기 후반 프로이센과의 7주 전쟁 패배, 동유럽 속령의 반발, 제1차 세계대전 패배의 결정타로 1918년 오스트리아 제위에서 물러난 카를 1세를 끝으로 합스부르크의 시대는 종지부를 찍게 된다.

오스트리아가 공화국으로 전환한 지 100여 년이 지난 오늘날에도 합스부르크는 유럽의 이름 높은 가문이며, 아직 오스트리아 황제, 헝가리 국왕, 보헤미아 국왕 등의 작위를 가지고 있다. 그들의 영광과 역사적 발자취는 관광지가 되었고, 그것을 보기 위해 수많은 관광객이 찾고 있다.

▶ [참고, 나카노교코(2022), 『명화로 읽는 합스부르크 역사』, 이유라 역, 서울: 한경arte., 우만위키, https://tcatmon.com/wiki/, 마틴래디(2022), 『합스부르크 세계를 지배하다』, 박수철 역, 서울: 까치글방.]

인스브루크

　겨울 스포츠를 개최했던 사례를 살펴보고자 갔었던 인스브루크는 1964년 제9회 동계올림픽과 1976년 제12회 동계올림픽 개최지로 세계적인 겨울 휴양도시이다. 알프스의 아름다운 자연이 도시를 둘러싸고 있어 도시가 마치 그림 같다. 2012년에는 동계 유스올림픽 개최지였다. 도시에는 트램이 다니고 교통 인프라가 좋아 걸어서도 구경을 할 수 있다.

　이곳의 명소는 구시가지의 마리아 테레지아 거리이다. 광장과 백화점, 레스토랑, 상점이 모여있는 거리이다. 거리 중앙에는 성 안나 기념탑이 있는데, 이 탑은 1703년 성 안나의 날에 바이에른 군대가 철수한 것을 기념하기 위해 레오폴드 1세가 1706년에 세웠다고 한다. 탑의 꼭

대기에는 마리아 상이 있다. 그리고 거리 끝에는 마리아 테레지아 둘째 아들 레오폴드와 스페인 공주의 결혼을 축복하고, 사망한 남편 프란츠 슈테판을 추모하기 위해 1765년 마리아 테레지아 여제가 만든 개선문이 있다, 개선문 북쪽에는 '죽음과 슬픔을' 남쪽에는 '삶과 행복을' 주제로 조각하였다고 한다.

성 안나 기념탑

거리 끝에 있는 개선문

황금 지붕은 건물 앞에 행사를 관람하기 위해 만들어진 것으로 지붕이 금박의 타일로 되어있다. 1420년 티롤 군주의 성으로 지어진 합스부르크 왕가의 상징적 건물이며, 이 건물에는 막시밀리안 1세의 지시로 만든 황금 발코니가 있다. 자신의 결혼식을 계기로 광장에서 개최되는 행사를 구경하기 위해 발코니를 만들고 금박의 동판을 만들어

지붕에 얹었다고 한다. 발코니에는 여덟 영주의 문장과 황제 왕비 상이 부조되어 있고, 내부는 박물관으로 이용되고 있다.

마리아 테레지아 거리

황금 지붕

인스브루크 시청

　인스브루크는 1964, 1976년 동계올림픽과 2012년 동계 유스올림픽을 개최한 도시로, 빙상장과 스키장 등 겨울 스포츠 인프라가 잘 갖추어져 있다. 이곳에서 동계올림픽의 맥락을 탐색하고, 주요 시설들을 살펴볼 수 있다.

이 사진은 2015년 서울대 글로벌리더 과정(GGLP 4) 연수생들이
인스부르크 시청을 방문한 기념으로 찍은 사진이다.

스와르브스키(Swarovski)

오스트리아를 대표하는 크리스털 브랜드로, 게른트너 거리를 비롯해 곳곳에서 매장을 볼 수 있다. 크리스털로 만든 작은 액세서리부터 장식품, 보석, 시계, 패션 소품에 이르기까지 다양한 제품을 전시 판매하고 있다. 입구에서부터 반짝이고 화려한 크리스털 예술 작품들이 매장 안을 가득 장식하고 있다. 스와로브스키 크리스털 월드는 1995년에 스와로브스키의 창사 100주년을 기념해서 개관했고, 아티스트인 앙드레 헬러(André Heller)가 디자인한 곳이며 연간 1천 200만 명 이상의 방문객들이 찾는다. 2015년 5월부터 확장 개장했다. 4층으로 이루어진 플레이 타워, 대형 크리스털 월드 매장에는 주얼리, 액세서리 등 전 제품을 둘러볼 수 있고, 카페와 레스토랑도 있다.

매장 입구 크리스털 디자인

화려한 크리스털 목걸이

게른트너 거리

　슈테판 성당으로 가는 비인의 가장 번화한 거리이다. 카페, 레스토랑, 상점이 밀집해 있고, 곳곳에 관광객을 위한 마차가 있다. 슈테판 성당까지의 거리는 약 600m다.

관광객이 슈테판 성당으로 향하고, 일부는 거리에서 휴식을 취한다.
마차를 타고 투어를 즐기는 사람들도 많이 있다.

슈테판 대성당

빈을 대표하는 최대의 성당이며, 고딕 양식으로 지어졌다. 12세기 중엽 로마네스크 양식으로 세워졌으나 이후 소실되어 14세기 이후에 고딕 양식으로 개축되어 현재의 모습을 유지하고 있다. 모차르트의 화려한 결혼식, 장례식이 이곳에서 치러졌다. 성당 이름은 그리스도교 역사상 최초의 순교자로 기록된 성인 슈테판에서 온 것이다. 그는 로마 제국 초기 35년경 예루살렘에서 군중들의 돌에 맞아 순교하였다. 그리스어로는 '스테파누스(왕관)'다. 대성당 지하에는 합스부르크 황제들의 내장이 담긴 함이 안치되어 있는 카타콤베가 있다.

슈테판 대성당 내부

성당 입구

실내에 앉아있는 관광객   'Pummerin' 종

    1137년 로마네스크 양식으로 건축을 시작하여 화재와 재건을 거치고 합스부르크 왕가 루돌프 6세가 고딕 양식으로 개축했다. 건물의 길이가 107m, 높이 39m의 천장, 137m의 첨탑, 25만 개의 모자이크 지붕이 특징이다. 내부에 자이언트 오르간, 북쪽 첨탑의 품메린 종이 있고, 내부는 스테인드글라스가 유명하다. 오스트리아에서 가장 큰 종인 'Pummerin'[23]은 1711년 주조되었고, 남쪽 탑에서 세워졌다. 그러나 1945년 대성당에서 화재가 발생하면서 종이 소실되어 새로운 종을 북쪽 탑에 설치했다.

---

23) 1683년 8월 1일 오스만 제국군의 슈테판 교회를 포격으로 교회의 돔이 내려앉았다. 이후 교회에서 오스만 군이 버리고 간 대포를 녹여 '붐머린'이란 초대형 종을 주조하여 걸었다. 직경 3.2m, 무게 22.5t의 종은 2차 세계대전 때 다시 깨지고 새로운 종이 주조되어 설치 되었다.

쇤부룬 궁전(SCHÖNBRUNN PALACE)

개관 시간: 매일 8:30 am~5:30 pm

합스부르크 왕가의 여름 별궁으로 알려진 이 아름다운 궁전은 총 1,441개의 방을 갖추고 있다. 광장과 뒤편 장미 공원이 있어 연회와 공연을 즐길 수 있는 곳이다. 정원 끝 언덕에는 황제가 연회를 열던 글로리에터가 있다. 지금은 카페로 이용되고 있으며, 이곳에서 바라보는 전경이 매우 아름답다. 궁전 내부는 촬영이 금지되어 있다. '거울의 방', '마리 앙투아네트 방', 무도회와 연회 등이 열렸던 '대회랑' 등이 유명하다.

마리아 테레지아가 사랑한 궁전으로 유네스코 세계문화유산에도 등재되어 있다. 17세기 말 레오폴드 1세 황제의 명으로 바로크 양식으

로 개축하였고, 18세기 중순 마리아 테레지아 여제의 지시로 확장하고 개장하여 현재 모습이 되었다. 외관은 바로크 양식, 내부는 로코코 양식으로 수많은 방 중에 40개 방이 공개 중이다. 노란빛 외관은 쇤브룬 궁전의 상징과도 같다. 원 상태 그대로 보존된 아름다운 내부 장식에 눈을 뗄 수 없고 발길을 멈추게 한다. 1762년 마리아 테레지아를 위하여 모차르트가 여섯 살 적 연주했던 거울의 방(SPIEGELSAAL, HALL OF MIRRORS)은 화이트 골드 로코코 장식에 대형의 수많은 거울이 붙어있다. 골베린 살롱은 마리아 테레지아 당시 청중실로 사용되었으며 응접실과 가구, 세대의 초상화가 있다. 나폴레옹 방은 그가 1809년과 1810년에 비엔나를 점령했을 때 쇤브룬을 본부로 선택했고 이 기간 동안 그가 이 방을 침실로 사용한 것으로 알려져 있다. 나폴레옹은 조세핀과 이혼 후 마리아 테레지아 딸인 마리 루이즈와 결혼하였다. 엘리자베스 살롱은 합스부르크 왕족들의 생활공간은 섬세하고 우아한 스타일로 왕가의 감성과 정서를 느낄 수 있다. 그레이트 갤러리는 빈 회의에서 무도회장으로 사용되었으며 길이 43m, 폭 10m의 대회랑이다. 천장에 그려진 프레스코화는 합스부르크 왕가의 통치자인 마리아 테레지아와 신성로마 제국의 황제인 그녀의 남편 프란츠 슈테판의 치세를 의인화했다고 한다.

거울의 방

나폴레옹 방

골베린 살롱

엘리자베스 살롱

그레이트 갤러리

사진: https://www.schoenbrunn.at/en/about-schoenbrunn/the-palace/

신성로마 제국의 왕관, 황제 왕관, 대공의 모자

신성로마 제국 왕관

제국의 위엄과 화려함은 왕관에서 볼 수 있다. 신성로마 제국 왕관(Crown of the Holy Roman Empire, 1804~1918)은 10세기 후반으로 거슬러 오토 1세 때 신성로마 제국 황제의 존엄성을 나타내는 가장 중요한 상징이었다. 15세기부터 제국 도시인 뉘른베르크에 보관된 왕관은 1796년 나폴레옹의 손아귀에서 보호하기 위해 비엔나로 옮겨졌으며, 나치 시대를 제외하고는 재무부에 보관되었다.

오스트리아 황제 왕관

오스트리아 황제 왕관(Austrian Imperial Crown, 1804~1918)은 1602년 프라하에서 황제 루돌프 2세를 위해 만들어진 왕관으로, 원래 합스부르크 궁정의 특정 의식에서 제국의 존엄성을 나타내기 위해 뉘른베르크에 보관된 신성로마 제국의 휘장을 상징적으로 대체하는 역할을 했다. 1804

년 황제 프란츠 1세가 오스트리아 제국을 선포했을 때 이 왕관은 새로 만들어진 제국 칭호의 휘장으로 선택되었다.

대공의 모자(the Austrian arch-duke's hat)는 합스부르크 가문을 위해 독점적으로(법적으로는 아니지만) 만들어진 칭호의 상징이었다. 봉건 귀족의 세계에는 많은 공작이 있었지만, 오스트리아에만 대공이 있었다. 대주교가 주교 위에 서있는 것과 유사하게, 대공은 제국의 일반 공작보다 우위에 있다.

사진, https://www.habsburger.net/

대공의 모자

이 칭호의 기원은 합스부르크 공작 루돌프에 의해 왕조의 계급을 재확인하고자 오스트리아 대공이라는 칭호를 만들었는데, 다른 제국의 왕자들보다 먼저 합스부르크 왕가의 특별한 지위를 강조하기 위한 것이었다.

쇤브룬 장미 정원

　프랑스 바로크 양식 정원인 쇤브룬 정원 광대한 넓이이다. 마리아 테레지아 시대인 17세기 조경이 시작되었고, 언덕 위에는 양 날개와 넓은 계단이 있는 3개의 아치로 구성된 개선문 글로리에테(Gloriette)가 있다. 또한 1880년에 세워진 3개의 파빌리온이 모태가 된 유럽 최대의 온실 팔멘하우스(Palmenhaus), 현존하는 세계 최고의 동물원인 쇤브룬 동물원(Tiergarten), 어린이와 성인 모두가 즐길 만한 미로 정원(Irrgarten), 동편에 황태자 정원(Kronprinzengarten) 등이 있다. 정원 주변을 30분 간격으로 달리는 미니 철도는 45분 동안 9개 역을 지나며 정원을 일주한다.

마차 박물관(바겐부르크)

　쇤브룬 궁전에 있는 세계적으로 유명한 마차 박물관(Wagenburg, 바겐부르크)에는 오스트리아 황제가 사용하던 호화찬란한 마차와 마구가 전시되어 있다. 마차와 말은 자동차가 발명되기 전까지 개인의 가장 중요한 교통수단으로, 궁정 예술가들이 장식에 심혈을 기울였다. 마차박물관에는 60대 이상의 마차, 수레, 썰매가 전시되어 있고, 의식, 여행, 사냥과 운동, 아이들 놀이 그리고 장례식 등 궁궐 생활을 볼 수 있다. 이런 마차를 현대식으로 만들어 마차 투어를 하고 있다.

사진: https://www.kaiserliche-wagenburg.at/

벨베데레 궁전

오스만 제국과의 전쟁에서 투르크 군대를 무찌른 오스트리아 영웅, 오이겐 공이 1716년 별궁으로 하궁을 먼저 세우고 1723년 연회장으로 이용할 상궁을 세웠다고 한다. 그가 죽은 후 합스부르크가에서 이 궁을 사들여 미술품을 보관했고 지금도 미술관으로 이용되고 있다. 상궁에는 클림트의 「키스」, 「유디트」 등이 전시되어 있고, 하궁에는 18세기 회화와 조각이 전시되어 있다. 상궁과 하궁 사이에는 아름다운 정원이 펼쳐져 있다. 상궁의 궁전 앞에는 넓고 깨끗한 연못이 있다. 벨베데레는 아름다운 경치란 의미인데 대부분의 관광객은 이곳에 전시되어 있는 클림트의 작품 「키스」를 보기 위해서 온다고 한다. 정문 입구 상단에 금박으로 장식한 왕관과 장식이 눈에 들어온다.

궁전 입구 상단 사자상

사진, https://www.belvedere.at/

벨베데르 궁전

호프부르크 궁전

쉔부른 궁전이 여름 궁전이라면 호프부르크 궁전은 합스부르크 가문의 겨울 궁전이다.

600년이 넘는 세월 동안 비엔나 호프부르크는 오스트리아 군주들의 거주지였으며, 수 세기 동안 유럽 역사의 가장 중요한 중심지 중 하나로 발전했다. 합스부르크 왕가는 13세기부터 오스트리아 세습지의 통치자로, 1452년부터는 신성로마 제국의 황제로, 마지막으로 1806년부터 1918년 군주제가 끝날 때까지 오스트리아의 황제로 통치했다. 원래 13세기부터 중세 요새화된 성으로 Hofburg는 황제마다 확장하여 240,000m²가 넘는 넓고 비대칭적인 복합 단지가 되었다. 18개의 동, 19개의 안뜰, 2,600개의 방으로 구성되어 있으며 오늘날에도 거의 5,000명의 사람이 여전히 일하며 거주하고 있다.

사진, www.sisimuseum-hofburg.at

13세기 전반에 지어진 구왕궁은 빈과 주변의 농촌에 비해서 권위를 상징하려고 지어진 성이었다. 합스부르크 가문은 전 세계로 힘을 뻗쳐 16세기와 17세기에 이르러서는 스페인과 이탈리아, 벨기에, 네덜란드, 프랑스와 독일 등까지 지배하게 되었다. 18세기 호프부르크 궁전이 개축되면서 구왕궁 터 남쪽에 제국의 도서관이 자리 잡았다. 카를 6세는 도서관을 학자들에게 개방했다. 도서관 전체의 장식은 합스부르크의 위대함과 무한한 권력을 담았다. 신격화를 시도한 천창의 프레스코화에는 전형적인 3명의 여신이 AEIOU라고 적힌 깃발을 들고 있다. 이는 '오스트리아가 전 세계를 지배한다'는 의미로 해석하고 있다.[24]

---

24) 마틴 래디(2022), 앞의 책, p.20.

쿠스타프 클림트

　"사랑하는 여성과 함께라면 그녀가 원하는 것은 무엇이든 할 수 있다". 쿠스타프 클림트의 말이다. 클림트는 작품 세계와 독특한 성격, 처세술, 파란 시트를 걸치고 하루의 대부분을 보내는 이 거장이 어떻게 그토록 많은 이들의 마음을 훔쳤는지는 여전히 미스터리다. 클림트는 여성을 사랑하고 또 흠모했다. 결혼은 하지 않았지만 여러 여인 사이에서 일곱 아이를 가졌다. 쿠스타프 클림트(1862~1918)는 1862년 비엔나 근교의 바움가르텐(Baumgarten)에서 태어나 독특한 표현주의 화풍을 발전시키기 시작했다. 황금빛의 화려한 장식 문양과 울긋불긋한 채색은 클림트 작품의 특징이다. 그의 작품이 절정에 이르렀을 때인 「키스」는 두 남녀의 농염한 사랑이 그대로 나타나 있고, 황금빛 「유디트」에서는 두꺼운 황금 목걸이를 두르고 있다. 클림트는 오스트리아 빈에서 귀금속 세공사이자 조각가인 아버지의 영향을 받아서인지 그의 그림 중에는 금빛으로 채색된 부분이 많고, 「무희」에서도 보듯이 현란한 컬러가 꿈틀거린다.

클림트의 「키스」에 등장하는 여성이 클림트 평생의 동반자였던 에밀리 플뢰게(Emilie Flöge)나 아델레 블로흐-바우어로 유추한다. 인물의 얼굴 생김새는 클림트가 그린 무수한 여인들에게서 유사하게 발견되는 점으로, 특정 인물을 꼽기는 어렵다.[23]

▶ 그림 캡처, 니나 크랜젤(2007), 『쿠스타프 크림트』, 엄양선 역, 서울: 예경

---

25) 오스트리아 관광청(https://www.austria.info/kr)에서 참고함.

「키스」

「무희」

Girlfriends (Water Serpents I), 1904〜1907

그림, https://www.belvedere.at/die-klimt-
sammlung-des-belvedere

Fritza Riedler, 1906

Lady in White, 1917〜1918

클림트의 작품은 추상적이고 초현실적인 것이 극적이게 비교되어 함께 표현되어 있다. 하얀 드레스에 섬세한 손과 표정이 추상적인 장식물들과 대조를 이루고, 이것이 현실의 선을 넘는 혁신적 예술 세계를 구현하고 있는 것이다. 1904~1907년에 그려진 「물뱀」에서는 여체의 상반신과 금빛 머리카락이 사실적이고 생명력 있게 처리되어 있고, 하체는 기하학적 장식과 물뱀이 에로틱하기도 하지만 소름 돋게 하는 자극을 주고 있다.

빈에 있는 분리파 전시관이다. 분리파는 건축가, 화가 등이 참여했는데 클림트가 만든 것으로 관주도의 전시회로부터 자신들의 예술을 분리하고자 했고 예술만의 자유를 추구했다.
이 전시관에는 베토벤 프레츠(Bethoven Frieze)가 벽을 따라 그려져 있다. 교향곡 9번 「합창」을 주제로 클림트가 그린 34m 대작이다.

제체시온 Secession

사진, 벨베데르 궁전 홈페이지. https://www.belvedere.at/

비엔나 음악회

📝 시립 공원 옆 음악회관(Stadtpark Kursalon)

요한 슈트라우스의 왈츠&음악의 신동 모차르트 공연이 이루어지는 곳이다. 건물 앞에 푸른 잔디밭과 나무가 있어 그늘을 만들어 주는 곳이다. 음악의 도시 비엔나에서 요한 슈트라우스의 왈츠와 모차르트의 음악을 감상하는 최고의 콘서트를 볼 수 있다. 모차르트는 오스트리아가 낳은 세계적인 음악의 신동이며, 잘츠부르크에서 태어났지만 비엔나에서 살았다. 요한 슈트라우스가 연주했던 쿠어살롱(Kursalon)에서 연주회를 감상할 수 있다. 시립 공원 옆에 요한 슈트라우스(아들)의 기념상이 금빛으로 빛난다. 전체가 하얀 대리석인 벽에 나체의 여신의 군상이 헤엄을 치는 것은 왈츠, 「아름답고 푸른 도나우」의 상징이라고 한다.

| 요한 슈트라우스 동상 | 시립 공원 음악회관 |

'왈츠의 왕' 요한 슈트라우스는 '왈츠의 아버지'로 불리는 요한 슈트라우스 1세의 아들이다. 맥주 홀과 여관을 경영하는 집안에 태어나

제본사에서 일하면서 바이올린을 익혔다고 한다. 아버지는 주로 비올라로 무도곡을 연주하였는데, 이후에 그는 이 악단 제2 오케스트라의 지휘자가 되었다. 보통 '요한 슈트라우스'라 함은 아들을 칭하는 것이고, 그는 아버지의 뒤를 이어 경쾌한 리듬에 비엔나의 정서를 입힌 왈츠를 작곡했다. 아버지는 반대했지만 피아노로 생계를 이으면서 19세 때 이미 관현악단 지휘자로 명성을 날렸고, 1849년에 부친 사후 그 악단을 합병하여 유럽 각지로 순회공연을 했다. 1863년부터 오스트리아 궁정 무도회 지휘자로 취임했고, 1867년부터는 왈츠에 합창을 곁들인 「아름답고 푸른 도나우」, 「예술가의 생애」, 「빈 숲속의 이야기」 등의 대규모 왈츠 걸작을 남겼다.

연주회의 주요 콘텐츠는 왈츠와 경쾌한 곡이다. 「봄의 소리」, 「이집트 행진곡」, 「라데츠키 행진곡」은 요한 슈트라우스의 곡이고, 「아름답고 푸른 도나우강」은 단골 레퍼토리다. 「피가로의 결혼」, 「터키 행진곡」, 「마술 피리」, 「돈 조반니」, 「소야곡」 같은 모차르트의 작품과 하이든과 로시니의 작품도 연주된다.

오스트리아는 음악의 도시답게 여행 중에 최고의 이벤트로 비엔나의 쿠어살롱(Kursalon vienna)에서 이러한 기대를 만족시켜 준다. 요한 슈트라우스 왈츠와 모차르트 음악, 쿠어살롱은 1865년부터 르네상스 양식으로 건축되었고, 1868년 요한 슈트라우스가 첫 번째 콘서트를 주최하였다고 한다. 테라스와 레스토랑, 2층에 걸쳐 있는 4개의 볼룸으로 구성되어 연간 500회 이상의 콘서트가 개최된다. 비엔나 링스트라세와 시립 공원 근처에 위치한 쿠어살롱, 1868년 요한 슈트라우스의 작곡이 이곳에서 처음 소개된 후 왈츠가 비엔나에서 큰 인기를 끌었으며, 이곳이 음악과 공연을 즐기는 만남의 장소가 되었다고 한다. 잔디 광장 옆에 있는 요한 슈트라우스 황금 조각상은 1921년 세워졌고, 웅장한 무도실과 시립 공원의 경관을 감상할 수 있는 거대한 테라스가 있다.

이 콘서트 홀에서 2시간 동안 왈츠, 폴카, 아리아, 듀엣, 피아노 협주곡, 오페라 가수 및 발레 등 음악가들의 고전 작품을 감상하면 왠지 고전 음악가들이 연주하는 공연장에 온 것 같다. 요한 슈트라우스는 19세기 오스트리아가 전쟁을 겪을 때 왈츠 곡을 만들어 시민들에게 기쁨과 희망을 주었다. 이곳에서는 요한 슈트라우스가 평생 연주를 했던 방식으로 연주회를 한다고 한다. 발레와 오페라를 지루하지 않게 구성하여 청중과 함께 호흡하면서 연주회를 진행한다. 휴식 시간에는 한두 잔의 와인도 제공된다.

공연이 끝나고 여자 주인공이 인사하고 있다.

잘츠부르크

모차르트의 고향이며, 오스트리아에서 4번째로 큰 도시이다. '잘츠'는 소금 '부르크'는 성이란 의미를 갖는데, 이곳은 지휘자 카라얀의 출생지로도 유명하다. 인근의 소금 광산에서 채취한 소금을 짤차흐강을 통해 운반할 때 통행세를 받으면서 도시가 성장하였다고 한다. 잘츠부르크의 랜드마크인 호엔잘츠부르크 성은 중부 유럽 최대의 웅장한 초기 바로크식 건축물인 군주의 저택으로, 아름다운 방들과 16~19세기의 유럽 미술품을 간직한 화랑이 있다. 인근에 잘츠부르크 대성당은 구시가지의 주요 명소이며, 내부에는 모차르트가 세례를 받았던 로마네스크식 세례반이 있다. 천재 작곡가 모차르트가 1756년 1월 27일 태어난 모차르트 생가, 많은 사람이 찾는 쇼핑 거리인 게트라이데 거리, 바로크 시대 거장 건축가인 루카스 본 힐데브란트가 조성한 아름다운 정원으로 유명한 미라벨 궁전이 있다. 잘츠부르크 페스티벌은 4,000여 개 정도의 문화 행사가 매년 7월 하순부터 8월 하순까지 열리고, 다양한 콘서트와 오페라, 극장 공연을 즐길 수 있다.

호엔잘츠부르크 성

사진: https://pxhere.com/ko/photo/

미라벨 정원

미라벨 정원은 잘츠부르크 시내에 대리석 조각품과 분수, 빨간 장미 같은 꽃으로 꾸며져 있다. 중앙 분수 주위에는 그리스 신화 속 영웅들을 조각한 작품들이 늘어서 있고, 그 옆에는 바로크 예술품을 전시한 박물관이 있다. 이곳은 영화 「사운드 오브 뮤직(Sound of music)」에서 주인공 마리아가 아이들과 불렀던 「도레미 송」으로도 유명하다. 제2차 세계대전 참가를 두고 전개되는 예비역 대령과 마리아 수녀의 러브스토리 그리고 아이들과 부르는 「도레미 송」이 알프스를 배경으로 들리는 듯하다. 이 정원에서 멀리 호엔잘츠부르크 성이 보인다. 이 성은 해발 120m 언덕에 있어 잘츠부르크 시내를 한눈에 볼 수 있다.

미라벨 정원. 멀리 호엔잘츠부르크 성이 보인다

잘츠부르크 모차르트 하우스

모차르트와 그의 가족이 1784~1789년까지 살았던 집으로 5층 건물에 다락방이 있었다고 한다. 모차르트 가족은 이 건물 2층에서 살았다. 모차르트의 수많은 걸작 중 하나인 「피가로의 결혼」이 이곳에서 탄생되었다. 1층부터 4층까지는 모차르트 기념관으로 사용되고 있으며, 모차르트의 친필 악보, 초상화 등을 전시하고 있다. 모차르트는 이 집에서 살았던 3년이 그의 인생에서 가장 행복한 시기였다고 한다. 인근에 유명한 지휘자였던 카라얀의 생가도 있다.

모차르트 하우스

모차르트 상

모차르트 하우스 앞 짤자흐강

카라얀 동상

케트라이데 거리

이 거리는 잘츠부르크에서 가장 번화한 거리이고, 모차르트가 태어난 집이 있는 곳이다. 모차르트 하우스는 '볼프강 아마데우스 모차르트'가 이곳 9번지에서 태어나 17세 때까지 살았다고 한다. 1층에는 침대, 악보, 바이올린, 피아노 등이 있고, 2층에는 오페라 「마술 피리」를 공연했던 소품들이 있다. 3~4층은 모차르트와 가족들이 잘츠부르크에서 생활하던 모습들이 있다.

케트라이데 거리의 간판은 특색이 있다. 골목 거리의 간판이 철제의 금속 세공으로 독특하게 늘어서 있다. 열쇠집은 열쇠 모양, 빵집은 빵 모양의 간판을 걸었다. 이것은 중세에 글을 모르던 사람들이 간판에 글 대신 그림이나 세공을 해서 만들었기 때문이라고 한다. 주변에 작은 시장이 있는데 다양한 채소와 싱싱한 과일을 팔고 있었다.

잘츠감머굿

세계적인 전원도시이자 영화 「사운드 오브 뮤직」의 배경이 된 곳이며, 모차르트 어머니 생가가 있는 곳이다. 산과 호수로 이루어진 아름다운 호수 마을을 알프스의 눈 덮인 대자연이 병풍처럼 둘러싸고 있다. 잘츠감머굿은 볼프강 호수 주변과 할슈타트 호수 주변이 관광 명소이다. 할슈타트는 7000년 역사를 이어온 소금의 영지로 세계인이 감탄을 쏟아내는 다흐슈타인 전망대가 있는 곳이다. 내가 간 곳은 볼프강 호수 주변이다. 볼프강 호수의 자연경관을 유람선으로 관광할 수 있고, 주변의 마을을 산책하기 좋은 곳이다. 커피숍과 상점이 있어 간식도 먹으면서 기념품도 살 수 있다.

유람선을 타고 즐기는 유람선 투어는 잘츠감머굿 여행에서 오스트리아 호수 경관을 즐기는 무엇으로도 비교하기 어려운 코스다. 산과 호수, 마을이 마치 한 폭의 풍경화처럼 보인다. 이곳에서는 수상 스포츠, 수영, 하이킹, 골프를 즐길 수 있다고 한다. 일반 관광객들은 케이블카와 유람선을 타보는 것만으로도 수채화 같은 마을을 감상할 수 있다. 마을을 산책하고 잘츠감머굿의 볼프강 유람선을 타면 한국어로 안내 방송을 한다. 볼프강은 빙하호수로 수심은 1백여 미터 이상이다. 볼프강 아마데우스 모차르트의 볼프강은 여기에서 기원한 것 같다.

잘츠감머굿 케이블카

볼프강 유람선

멜크 수도원

멜크 수도원

멜크 수도원(Stift Melk)은 2000년 세계 문화유산에 등재된 바하우(Wachau) 초입에 있다. 900년이 넘는 세월 동안 오스트리아의 정신적, 문화적 요충지로 자리매김하고 있고, 방문객들은 수도원 내 현대 박물관을 거닐며 수도원의 역사와 현재의 이야기들을 들을 수 있다. 특히 아름다운 대리석 홀과 도서관은 수도원의 자부심이고, 수도원 교회는 바로크 예술의 진수를 보여준다.

중부 유럽 오스트리아 바하우 계곡에 있는 멜크 수도원[26]은 수도원장 베르톨트 디트마이어(Abbot Berthold Dietmayr)와 건축가들이 11세기 중세 수도원의 토대 위에 이 건축물을 세웠고, 1770년 루이 16세와의 결혼식을 올리기 위해 프랑스로 이동하던 마리 앙투아네트가 하룻밤을 묵었다고 한다.

---

26) 오스트리아 관광청(https://www.austria.info/kr), 멜크 수도원에서 참고함.

수도원이 있는 바하우 계곡은 세계적으로 이름난 화이트 와인 생산지다. 도나우강 북쪽 강가는 남쪽에서 쏟아지는 따뜻한 햇볕을 받는 천혜의 계단식 밭으로 바하우 계곡에서는 중세 시대부터 와인 생산이 시작되었으며, 경사가 급한 언덕에 포도밭이 끝없이 이어진다. 주로 그뤼너 벨트리너(Grüner Veltliner))와 리스링(Riesling) 두 포도 품종을 사용한 화이트 와인이 특산품이며, 그 깔끔하고 시원한 맛은 일품이다. 바하우 계곡 전역에서 호텔과 레스토랑을 갖춘 와이너리, 시음을 제공하는 와이너리 등 다양한 와이너리를 만날 수 있다.

멜크 수도원 조감도(https://www.stiftmelk.at)

멜크 수도원 내부 회랑

박물관에 있는 멜크 수도원 모형

　수도원 박물관은 수도원의 역사이며 과거와 현재이고 미래를 보여준다. 매년 수십만 명이 방문하는 이곳을 매료시키는 곳도 박물관이다. 성 베네딕트와 베네딕트 수도회의 기초와 중세 수도원, 교회의 흥망성쇠를 보여준다. 로마네스크 양식과 고딕 양식, 바로크 시대를 절묘하게 보존하고 있는 멜크 수도원은 건축과 예술의 보석이라 해도 틀린 말이 아니다. 수도원의 남쪽 건물에 있는 황실 회랑을 통해 박물관에 들어서면 진귀한 보물들을 만날 수 있다.

성배와 아르누보 장식품

박물관에 전시된 그림

1만 6천여 권의 장서가 보관되어 있는 도서관과 나선형 계단을 통해 12개의 도서실로 연결되는데, 여기에는 희귀본을 포함 10만 여권의 장서가 보관되어 있다고 한다. 도서관 중앙홀 천정은 파울 트로거(Paul Troger)가 그린 성스러운 프레스코화가 유명하다. 이탈리아 작가 움베르토 에코는 이 수도원 도서관이 핵심 장소로 등장하는 소설 『장미의 이름』을 집필하기도 했다.

도서관 입구　　　　　　　　　　　　　　　　　나선형 계단

프레스코화

다른 베네딕토회 수도원과 마찬가지로 멜크 수도원에서 가장 중요한 공간은 바로 예배당으로, 이곳은 바로크 시대 거장들의 그림과 조각들로 가득하다. 멜크 수도원은 하절기(4~10월)에는 자유 관람 및 가이드 투어, 동절기(11~3월)에는 가이드 투어를 통해 관람이 가능하다. 또한 매년 여름에 국제바로크 음악축제와 서머 콘서트가 열린다.

예배당 천장

예배당 내부

멜크 수도원 예배는 일요일과 공휴일 오전 9시 대수도원 교회, 한낮에 정오 기도는 매일 오후 12시부터 12시 15분까지 대수도원 교회에서 열린다. 멜크 수도원 홈페이지에 공지된 수도원 생활[27]은 인간의 존재와 신앙에 대한 것을 설명하고 있다.

---

27) https://www.stiftmelk.at/en/stift-melk-monastic-community

수도원 생활

About 1,500 Benedictines nuns and monks are living in the German-speaking world today. Their way of life is determined by the monastic rule of Saint Benedict, which was written in the 6th century and contributed greatly to occidental European culture. Benedictine monasticism endeavors to this day to give a concrete answer to the question of God and human existence and to hereby testify that we don't have to end in God-forsakenness and in nihilism today. Monastic life wants to offer a real alternative to today's usual ways of life and builds upon 15 centuries of experience. This experience means that, as an individual and in a community, a person has a real chance to encounter God.

약 1,500명의 베네딕도회 수녀와 수도사가 오늘날 독일어권 세계에 살고 있습니다. 그들의 삶의 방식은 6세기에 쓴 성 베네딕토의 수도원 규칙에 의해 결정되며, 서양 유럽 문화에 크게 기여했습니다. 베네딕도회 수도원은 오늘날까지 신과 인간 존재에 대한 질문에 대한 확실한 답을 제시하고, 이로써 우리가 신의 버림과 허무주의로 끝나서는 안 된다는 것을 증명하기 위해 노력하고 있습니다. 수도원 생활은 오늘날의 일상적인 삶의 방식에 대한 진정한 대안을 제공하기를 갈구하며 1500년 이상의 경험으로 만들어졌습니다. 이 경험은 개인으로서 그리고 공동체 일원으로서 인간이 하느님을 만날 진정한 기회를 얻었음을 의미합니다.

중앙 공원

  빈의 중앙 공원에는 음악가들의 묘지가 있다. 묘지가 관광지처럼 사람들이 찾는다. 베토벤, 브람스, 슈베르트, 요한 슈트라우스의 묘지가 있다. 옆쪽으로 가면 하얀색의 성당이 있는데, 이곳은 역대 대통령을 모시는 묘지가 주변을 둘러싸고 검은 대리석으로 만들어져 있다. 정면에는 카를 레너(KARL RENNER)의 묘비가 있는데, 그는 오스트리아 공화국의 초대 대통령이었던 사람이다.

베토벤 묘비

요한 슈트라우스 묘비

슈베르트 묘비

성당과 카를 레너 묘비

와이너리

도나우 강가의 비탈진 면을 따라 풍요로운 햇살을 받으며 자란 와인은 산뜻하고 깔끔한 맛으로 유명하다. 특히 바하우(Wachau) 지방은 와인의 최대 생산지이며, '바하우 문화 경관'이라는 이름으로 유네스코 세계유산에 등재될 정도로 특별하고 와인 투어를 즐기기에도 좋다. 도나우(다뉴브) 지역의 와인은 대서양의 습윤한 공기와 판노니아 분지의 건조한 공기가 만나 형성된 독특한 기후로 포도가 생산되기 좋은 조건이다. 또한 비교적 협소한 지역인데도 적합한 토양을 갖추고 있어 로마 시대부터 포도 재배 문화와 독특한 포도밭 형태가 오늘날까지도 이어지고 있다. 와인의 흔적은 중세 마을, 바로크 양식의 수도원, 로마 지하실, 성곽에서 찾을 수 있다고 한다.

와인 병에서 코르크 마개를 열고 있다.

포도밭과 와이너리가 있는 마을

바하우 지역 포도밭

음식과 숙박

오스트리아는 알프스로 그 경관을 대표한다. 그림 같은 알프스 산을 배경으로 동화 속에 나올 것 같은 마을과 집들 사이에 호텔이 자리하고 있다. 점심 식사 중에는 음악의 도시답게 바이올린과 아코디언을 연주해 준다. 한국 사람들에게 익숙한 멜로디도 들려준다. 식사 후 뒤뜰에서 흥겨운 연주에 따라 춤도 춰볼 수 있다.

아름다운 알프스 마을

요한 슈트라우스 동상   GUJAHR IN ABTENAU 호텔

점심 식사 때 음악을 연주해 준다.

식사를 마치고 아코디언 연주에 맞추어 손님들과 함께 흥겨운 시간도 보내고 있다.

합스부르크가 황제들과 예술가들의 이상

오스트리아 여행지의 대부분은 신성로마 제국 시대의 것들이다. 아름다운 자연과 강, 호수들이 모차르트, 베토벤 같은 저명한 음악가들을 잉태할 수 있었고, 클림트와 에곤 실레처럼 선이 굵은 예술가들을 낳게 했다. 비엔나는 음악의 도시답게 수많은 음악회와 공연이 열린다.

합스부르크 가문은 신성로마 제국의 황제인 동시에 세습권을 통해서 제국 내부의 지방과 영지를 다스렸다. 13세기에 중앙 유럽에서 시작하여 오스트리아, 슬로베니아에 이르렀고, 1470년부터는 헝가리 동쪽 700km까지 뻗어 우크라이나에 이르렀다. 1521년 카를 5세는 제국 황제와 영토의 확장자를 칭호에 포함하여 부른다. 70여 개 이상의 지역 뒤에 왕, 공작, 백작, 방백, 변경백, 제후, 영주 등을 붙이고 있다. 합스부르크 가문은 제국의 영토 각 부분이 하나로 통합되지 않은 채 독자적인 정부와 법률, 의회, 귀족 등을 갖추고 있었다. 각 부분은 거의 독립적인 나라였다. 또한 가문은 '종교 예배와 기독교인들 간의 평화, 그리고 불신자들과의 전쟁에 전념하는 단일주권자의 영묘한 지배력 아래에 하나로 통합된 세계'라는 포괄적인 목표를 가지고 있었다. 그러나 합스부르크 가문은 그 목표를 이루지 못했다. 18, 19세기에 행정 및 법률기관을 일부 통합했지만, 각 영토의 영주에 불과한 듯이 통치되었다. 20세기까지 가문 황제들의 칭호에 전체 영토의 각 부분이 개별 단위로 열거되었다.[28]

신성로마 제국이 내리막길을 향하다가 해체를 선언한 것은 1806년

---

28) 마틴 래디(2022), 앞의 책, pp.15-29.

프란츠 2세에 의해서이다. 이후 계속되던 합스부르크 가문의 제위는 1918년에 끝나게 된다. 역사적으로 군주국은 합성국가에서 출발하지만, 시간이 지나면서 구성단위의 특성은 사라지고 중앙중심적인 형태로 바뀌게 된다. 분권화와 차별성이라는 원리에 기대는 정치 복합체는 통일된 힘을 모을 수 없고, 토호 세력의 이권 개입과 기득권 유지로 분열될 수밖에 없다. 합스부르크 가문의 목표는 여러 영지의 위협을 방어하는 것에서 비롯되었고, 황제의 권위와 가톨릭 신앙으로 대변되어 하늘의 영광을 재현하는 것으로 지속되었다.

제국의 흥망을 잘 서사하고 있는 베토벤의 교향곡 3번(Eroica)과 피아노 협주곡 5번(Emperor)에는 제국이 몰락해가는 시기에 작곡된 곡으로 영웅의 등장과 죽음, 황제의 위엄과 고상함을 때로는 장엄하고 웅장하게, 때로는 가냘픈 꽃잎 같은 선율로 나타내고 있다. 전쟁으로 인한 파괴와 무질서 속에서도 절망을 이겨내고 극복하여 승리하려는 의지를 음악으로 표현한 것이다. 그리고 베토벤 합창을 모티브로 한 클림트의 대작 「프레즈(Bethoven Frieze)」를 통하여 인류를 위한 메시지를 보낸다. 그것은 자유와 사랑 그리고 평화를 의미하는 것이 아닐까 생각해 본다. 합스부르크 가문이 만든 제국은 아름다운 황궁들과 보물들을 남겼다. 아이러니하게도 이것을 보기 위해 전 세계의 관광객들이 오스트리아로 찾아가고 있다.

PART 03

슬로베니아

Slovenia

슬로베니아 기본 정보

인구	210.8	만 명(2021년)
면적	20,273	km²
수도	류블라나	
정치체제	의회민주제	대통령제와 의원내각제 절충
종교	가톨릭, 무종교, 기타	
언어	슬로베니아어	
통화	유로(€)	EUR
환율	1€=1,391.62원	2023. 2. 25. 기준

슬로베니아 역사

슬로베니아는 유럽 동남부 발칸반도에 위치한 동유럽 국가이다. 수도는 류블리아나, 공용어는 슬로베니아어다. 이탈리아, 헝가리와 짧은 국경선을 맞대고 있으며, 오스트리아와 크로아티아 사이에 끼어있다. 면적은 2만 273㎢로 한반도의 약 1/11배이다. 인구는 약 207만 명(2018년 4월 기준)이며, 민족은 슬로베니아인이 80% 이상이고 크로아티아인과 세르비아인 등으로 구성되어 있다. 종교는 가톨릭이 70% 이상이다. 화폐 단위는 톨라(Tolar)이며, 2007년 유로화(Euro)를 도입했다. 우리나라와는 대사급 외교 관계에 있다.

슬라브인들이 이 지역에 정착한 시기는 6세기 말이다. 남슬라브족이 남부 오스트리아 및 슬로베니아의 사바(Sava)강, 드라바(Drava)강, 무라(Mura)강 계곡 인근에 정주를 시작했다. 620년경 아바르족과 바바리아족을 피해 오스트리아 카린시아 공국과 슬라브 공국이 연합했다. 745년 카린시아 공국이 프랑크 제국에 병합되면서 기독교로 개종 후 독립성을 점차 잃게 되었다. 869년부터 5년간 슬라브족 영주 코첼리(Kocelj)가 판노니아 지역에 슬로베니아를 독립국가로 유지하였다. 15세기 슬로베니아 영토에서 가장 강력한 중세 왕조였던 첼레(Celje) 가문이 있었는데 이 문장이 슬로베니아 국가 문장으로 사용하고 있다.[29]

'유고'라는 말은 남쪽이라는 의미로, 유고슬라비아는 '남쪽의 슬라브인'이라는 뜻이다. 발칸에 정착할 때 동쪽 지역에서는 동방 정교회 문화, 서북쪽에는 가톨릭 문화가 스며들었다. 서북 지역에 정착한 슬라

---

29) 외교부(https://www.mofa.go.kr)에서 참고함.

브인은 나중에 슬로베니아, 크로아티아로 불렸고, 동발칸 지역을 차지한 슬라브인은 세르비아라고 했다. 슬로베니아는 작은 공화국이지만 가장 서구화된 나라였다. 그러나 프랑크 제국의 영향으로 독일어가 공용어가 되었고, 10세기에는 마자르족의 침입을 받았으며 13세기에는 신성로마 제국 합스부르크 왕가의 손에 들어갔다. 1335년부터는 6백 년간 오스트리아의 지배를 받았고, 15세기와 16세기에는 오스만 제국의 침공을 받았다.

제1차 세계대전 이후 오스트리아-헝가리 제국의 패전으로 분열되어 서부는 이탈리아, 북부는 오스트리아-헝가리에, 중남부는 크로아티아·세르비아·유고슬라비아에 속하게 되었다. 제2차 세계대전 이후 구소련의 지원을 받은 유고슬라비아는 요십 브로츠 티토의 주도로 6개 나라로 이루어진 사회주의 연방공화국이 탄생하였다. 슬로베니아는 '유고슬라비아 사회주의 연방공화국'에 속해 있던 국가였으나 1980년 티토가 사망하고 유고 연방이 해체되기 시작하자, 1991년 크로아티아와 함께 각각 독립을 선언하였다. 이에 유고 연방군은 슬로베니아로 진격했고, 슬로베니아는 10일간의 독립전쟁에서 이겨 독립을 인정받게 되었다. 유고를 구성하던 6개 연방국가 사이에 3년 5개월간 내전에서는 슬로베니아 지역에 거주하는 세르비아인이 거의 없었기 때문에 세르비아와의 충돌은 거의 없었다. 내전은 북대서양조약기구(NATO)의 개입과 미국의 중재로 데이튼 협정이 1993년 맺어지면서 종료됐다. 슬로베니아는 다른 연방 소속 국가들과는 달리 내전의 피해가 거의 없었고, 2004년 5월 EU와 나토(북대서양조약기구)에 가입했으며, 2007년 1월에는 신규 유럽연합(EU) 회원국 가운데 처음으로 유로화를 도입했다.

    슬로베니아는 유고 연방 독립국 중에서는 가장 산업화되고 발전된 나라이다. 정부 형태는 총리가 실권을 가진 의원내각제를 채택하고 있으며, 결선투표제로 선출되는 대통령은 국가원수로서 국방과 외교 정책만을 결정할 권한을 가지고 있다. 의회는 양원제로 4년 임기를 가진 90명의 의원이 참가하는 국민의회와 임기 5년의 국민평의회 40명으로 구성되어 있다.

블레드 섬

　블레드 호수 가운데에 블레드 섬(Bled Island)은 슬로베니아 사람들 사이에 연인이 생기면 한 번은 꼭 찾는 커플 여행지라고 한다. 이 섬을 가기 위해서는 나룻배를 타야 하는 데 이 나룻배의 이름이 '플레타나(Pletana)'라고 한다. 나무로 만들어져 뱃사공이 노를 저어야 갈 수 있다. 블레드 섬에 내리게 되면 교회로 올라가는 계단이 있는데 99계단이라고 한다. 결혼한 신랑이 신부를 안고 99계단을 오르게 되면 평생 행복하다는 것이다. 올라가는 동안 신부는 신랑에게 한마디 말도 하면 안 된다고 한다. 구(舊) 유고슬라비아 지도자였던 티토(Josip Broz Tito, 1892~1980년)의 여름 별장도 이 호수 주변에 있을 정도로 경관이 좋다.

호수의 기원에 관한 전설

　과거에는 블레드 호수의 위치에 물이 없었다. 밤에는 요정이 나타나 작은 언덕과 바위가 있는 초원 계곡에서 춤을 추었다. 목자들은 요정 바위 주변에서 있는 풀밭 계곡에서 양을 방목했다. 요정들은 목자들에게 잔디가 부드럽게 유지되도록 바위 주위에 울타리를 두라고 요청했다. 그러나 목자들은 그들의 요청을 고려하지 않았다. 어느 날 가장 젊고 아름다운 요정이 춤을 추다가 다리가 부러졌다. 성난 요정들은 샘과 시냇물을 불러들여 계곡으로 물을 채웠다. 바위가 있는 언덕만이 호수 한가운데 있는 섬으로 남아 요정들은 밝은 별이 빛나는 밤에 춤을 출 수 있었다. 요정들은 오래전에 이 장소를 떠났지만 아름다운 요정이 춤추던 호수와 산 아래의 섬은 남았다.

　블레드 섬에는 또 하나의 전설이 있다. 가이드는 외우다시피 그 전설을 구전해 주었다. "옛날에 한 여인이 있었는데 그녀의 남편이 어느 날 바다에 나가서 풍랑을 만나 죽게 되었다. 그녀는 전 재산을 털어 종을 만들어 성당에 봉납하려고 했는데 배를 타고 호수를 건너던 중 갑자기 풍랑을 만나 종을 물속에 빠트리게 되었다. 낙담한 그녀는 로마로 가서 수녀가 되었다. 이 이야기를 들은 교황이 이를 안타깝게 여겨 교회에 종을 만들어 주었다. 그 후 이 종을 치면 소원이 이루어진다."라는 것이다. 관광객들도 그 전설에 따라 교회의 종을 한 번 쳐보려고 줄을 선다. 블레드 공식 홈페이지(https://www.bled.si/sl/)에는 '소원의 종'과 관련하여 다음과 같이 쓰여있다.

소원의 종

Legend of the Sunken Bell
The so-called "wishing bell" was made by Franziskus Patavinus
in the Italian Padova in 1534. The legend says that a young
inconsolable widow lived in Bled Castle at that time. Her husband
was killed by robbers and his body was dumped in the lake, so she
collected all her silver and gold and paid for the bell that would be
put in the chapel on the island. But the bell never arrived there,
since a heavy storm sunk it with the boat and boatmen. Some say
that the bell can still be heard in clear nights. After the accident,
the desperate widow sold all her belongings and went to live in a
monastery in Rome. After her death, the Pope dedicated a new
bell and sent it to Bled Island. Whoever rings the bell and sends a
wish to the merciful "lady from the lake", she fulfils their wish.

'소원의 종'은 1534년 이탈리아 교황 Franziskus Patavinus에 의해 만들
어졌다. 그 옛날 당시 블레드 성에는 젊고 애달픈 미망인이 살고 있었다. 그
녀의 남편은 도적들에게 살해당하고 시신은 호수에 버려졌다. 그래서 그녀
는 자기가 가진 은과 금을 모두 모아 종을 만들어 섬의 예배당에 가져다 놓
으려 했다. 그러나 심한 폭풍으로 그 보트와 뱃사공이 함께 침몰되었고, 종
은 물속으로 가라앉았다. 때문에 종을 그곳으로 가져가지 못하였다. 어떤
사람들은 청량한 밤에 울리는 그 종소리를 들을 수 있었다고 한다. 그 사고
이후, 절망에 빠진 미망인은 모든 소유물을 팔고 로마의 수도원에 들어갔
다. 그녀가 죽은 후 교황은 새로운 종을 헌정하여 블레드 섬으로 보냈다. 누
구든지 그 종을 울려 자비로운 '호수의 여인'에게 소원을 보내면 그녀가 그들
의 소원을 이루게 한다.

성모 승천 교회(The Church of the Mother of God)는 이 섬에 있는 교
회다. 9~10세기경 슬라브(Slav) 신화 속 지바 여신의 신전이 있던 곳으
로 전해진다. 그러나 종교 전쟁으로 인해 신전이 파괴되고 몇 차례의
부침을 겪다가 17세기에 이르러 지금의 바로크 스타일 교회가 완성되

었다. 교회의 가장 큰 특징은 움푹움푹 패인 돌로 만든 52m 높이의 독립형 종 탑이다. 전망대 종탑에는 오늘날에도 여전히 큰 종과 두 개의 작은 종이 있다. 사람들은 이 종을 소원의 종이라고 한다. 종이 울릴 때 소망하는 생각이 이루어질 것이라는 믿음 때문이다.

블레드 호수는 슬로베니아의 유명 관광지 중 하나이고, 결혼한 커플들이 블레드 섬에 찾아와 신부를 안고 승천 교회까지 오르는 이벤트를 종종 한다. 주변에는 유명 호텔과 음식점이 있다. 슬로베니아에서 추앙받는 티토도 이곳에 와서 여름휴가를 보냈다고 한다.

티토(Josip Broz Tito, 1892~1980)

종전 후 유고 연방을 통합시킨 요시프 브로즈 티토는 국민의 숭상을 받는 인물이다. 아버지는 크로아티아인, 어머니는 슬로베니아인으로 제1차 세계대전 당시 러시아에 포로로 수용되어 있다가 귀국하여 사회주의 세력을 규합하여 나치에 대항하게 된다. 형제애와 통일 정책(brotherhood and unity)으로 민족주의 사상을 제거하고 중립 외교 노선을 채택하여 미, 소(美, 蘇) 어느 쪽에도 치우치지 않으려 하였다. 공화국 내에 이주를 장려하는 정책으로 단일국가를 지향했으며, 역사·문화·종교에 따라 6개 국(슬로베니아, 크로아티아, 보스니아, 세르비아, 몬테네그로, 몬테네그로)과 2개의 자치주(세르비아의 보이보디나, 코소보)로 분리하여 주었다. 사회주의와 자본주의를 모두를 혼용하여 도입함으로써 70~80년대 경제부흥을 도모하여 세계경제보다 앞선 발전을 이룩한 사람이다.

블레드 섬

블레드 섬으로 가는 플래트나 보트

소원의 종, 타종 체험

종탑의 괘종시계

종탑 괘종시계

소원의 종 아래에는 오래된 괘종시계가 교회 탑 밖으로 보인다. 블레드 섬 종탑은 1511년 지진 이후 블레드 섬에 세워졌는데, 1680년에 보수되었고 2013년 다시 보수하여 관광객에게 보여주고 있다. 종탑의 괘종시계는 1860~1890년에 만들어졌는데, 누구에 의해 만들어졌는지는 잘 알 수 없지만 Kropa 부근에 있는 오래된 철물점에서 만들어진 것으로 알려져 있다. 괘종은 하루 동안 흔들리며 15분 간격으로 종소리를 내고, 정시에는 두 번 울린다. 시계는 중력에 의해서 괘종이 움직이면서 그 힘으로 앵커 바퀴의 톱니에 전달되어 괘종이 움직일 때마다 한 칸씩 톱니를 돌리게 한다.

이 괘종은 시계추와 작동하는 톱니바퀴를 관광객이 볼 수 있도록 개방하고 있다. 시계의 종소리는 매 15분이 지날 때마다 'BIM-BAM(딩-동)' 울린다. 15분에 한 번, 30분에 두 번, 45분에 세 번, 정 시간에 네 번 울린다. 정시에 울리는 종소리는 작은 벨과 큰 벨이 각각 두 번씩 울린다. 2013년에 기존에는 전기로 움직이고 있던 시계를 대대적으로 복원하여 일반인에게 개방하였는데 그 이유가 단순히 망가졌기 때문이 아니다. 지난 수 세기에 걸친 인간 역사를 통하여 발전되어온 잃어버린 시간의 예술을 현대의 기술로 되돌려 복원하기로 결정한 것이다.

종탑의 괘종시계

괘종시계의 추

시계를 움직이는 기계장치

종탑 시계 설명

플래트나 보트

플래트나 보트란 베네치아 곤돌라 보트의 콘셉트에 따라 설계된 바닥이 평평한 목조 보트를 말한다. 뾰족한 활모양으로 승객이 들어갈 수 있도록 계단이 있고, 보트는 길이 7m, 너비 2m이며 18명까지 안전하게 항해할 수 있다. 보트는 노를 젓는 사람이 서서 두 개의 노를 특이한 방법(stehrudder)으로 젓는다. 이름의 유래를 설명하는 몇 가지 중 하나는 그 지붕이 주름진(pleten) 것에서 이름을 지었다는 설과 다른 하나는 평평한 바닥 보트를 의미하는 독일어 단어 'plateboot'에서 유래했다고 한다.

블레드 호수와 섬을 유람하는 'pletna'라는 전통적인 보트는 현지인이 만들어 운영하고 있다. 그 기원은 1590년으로 거슬러 태양 및 기타 기상 조건으로부터 승객을 보호하는 다채로운 차양이 장착되어 있는 형태이다. 이 보트는 'pletnar'에 의해 항해 되며 존경받는 직업이다. 마리아 테레지아 통치 기간 동안 플래트나 보트에 대한 소유권은 경작하는 농부들에게 주어졌다. pletna의 노 젓는 사람은 대대로 전해져 그 직업은 전문 직업인 'Pletnarstvo'로, 수 세기 동안 그들 가족에게 남아있다. 호수에는 23개의 플래트나 보트가 있다.

블레드 성(Bled Castle)

블레드 성은 호수 중간에 우뚝 서있다. 따사한 햇빛을 받으면서 빛나는 맑은 호수는 알프스 만년설이 녹은 물로 이루어진 빙하호로 푸른색을 띠고, 호수 자체보다도 호수 중간에 서있는 블레드 섬이 있어 더욱 예쁘다. 호수 한켠, 130m 높이의 깎아지른 듯한 절벽 위에 우뚝 솟은 블레드 성은 블레드 섬과 함께 이곳 관광의 백미다. 원래 방어 목적으로 요새화되어 벽으로 둘러싸인 로마네스크 탑만이 자리하고 있었으나 1011년 비로소 성의 형태가 완성되었다. 이후 중세 시대에 이르러 몇몇 탑들이 지어졌고, 1511년 지진으로 소실된 이후 다시 복원되어 지금의 모습을 갖추게 되었다. 현재 블레드 성은 박물관과 와인 셀러, 레스토랑 등으로 사용되고 있다.

블레드 성곽

슬로베니아에서 가장 오래된 성 중 하나인 블레드 성의 역사는 독일 왕 헨리 2세(Henry II)가 아델베론 브릭슨 주교(Albuin of Brixen)에게 성이 자리한 영토를 주었던 1004년으로 거슬러 올라간다. 성 아래층에 있는 인쇄소는 15세기 구텐베르크 활자 인쇄 방식을 재현하는 인쇄소가 있다. 원하는 문장을 말하면 당시 의상을 차려입은 주인장이 옛날 방식 그대로 금속 활자기를 이용해 문구를 새겨 준다. 이미 새겨놓은 책갈피나 엽서 등도 가게 한쪽에 비치되어 있다. "Don't wait for the perfect moment. Take the moment and make it perfect(완벽한 순간을 기다리지 마라. 지금 이 순간을 완벽하게 만들어라)".

▶ 출처: 트래비 매거진(https://www.travie.com)

블레드 성

예배당

보존된 건물 중 가장 흥미로운 것은 성 베드로 주교에게 헌정된 안뜰에 있는 고딕 양식의 예배당이다. 16세기에 만들어져, 17세기 말에 바로크 양식이 이미지에 추가되어 환상적인 프레스코화로 장식되었다. 제단은 블레드 부동산의 기증자, 독일 황제 헨리 2세와 그의 아내

쿠니 군다를 묘사한다. 그들의 묘사는 블레드 섬의 호수에 있는 교회에서도 발견된다. 성은 1951년에서 1961년 사이에 개조되었고, 와인 저장고는 아래쪽 안뜰 옆에 있는 건물에 있다. 아래쪽 안뜰에는 바위 조각 분수, 타워 갤러리, Arnold Rikli의 기념실, Gorenjska의 박물관 전용 방 등이 있다. 위 뜰 옆에는 블레드의 가장 오래된 역사를 대표하는 박물관이 있는데, 여기에 있는 장비들은 블레드 캐슬(Bled Castle)에서 나온 것이 아니지만, 주택 문화를 설명하는 데 중요하다. 위쪽 안뜰에서 성 예배당, 대장간, 기념품 가게 및 레스토랑으로 이어진다. 과거에는 이곳에 포도나무가 많이 번성했었는데, 2011년 이후부터 400년 이상 된 포도나무의 어린나무를 키우고 있다. 따뜻한 계절에는 성의 안뜰에서 중세 시대의 사람들의 삶을 보여주는 문화 행사가 열린다.

▶ 홈페이지: https://www.bled.si/sl/

포스토이나 동굴

포스토이나 동굴 입구   동굴 내부에 서식하는 생명체 사진

    세계 동굴의 여왕이라고 자부하는 포스토이나 관광 동굴, 동굴 철도는 140년 동안 동굴에서 운영되어 왔다. Postojna 동굴은 140년 전만들어진 철도가 있는 카르스트 동굴이다. 독특한 관광 열차는 카르스트 복도, 갤러리 및 홀의 지하 네트워크로 이동, 한 시간 반 동안 진행되는 가이드 투어를 통해 카르스트 지형을 탐험한다. 내부는 스카이 스크래퍼로 알려진 가장 큰 16m 높이의 석순이 있다.

지금까지 전 세계에서 3,800만 명이 넘는 방문객이 Postojna 동굴을 찾았고, 독특한 동굴 철도의 출발 플랫폼에서 탐험을 시작하여 5km의 지하 트레일로 관광하게 된다. 동굴 내부는 조금 춥기 때문에 담요나 외투를 입는 것이 좋다. 현재 개발된 길이가 20km 정도인데 일반인에게는 5.7km만 공개하고 있다. 걸어서 관람하는 동안 종유석과 석순이 만들어낸 특이하고 아름다운 지하 세계를 구경한다.

포스토이나 동굴에는 다양한 생물이 발견되는데, 용이 살았고 인간 물고기는 그 자손이라고 믿었다. 유일한 유럽 지하 척추동물과 가장 큰 지하 포식자는 최대 100년 동안 살 수 있으며, 음식 없이 8년 이상 생존할 수 있다고 한다. 슬로베니아의 이 카르스트 동굴에는 150종 이상의 생물이 살고 있으며 양서류의 일종인 '프로테우스(Proteus anguinus)', 즉 도롱뇽 같은 것이 있다. 포스토이나 동굴은 세계에서 생물학적으로 가장 다양한 동굴이며, 동굴 동물과 그들의 이야기에 대해 배울 수 있는 전시 사육장이 있다.

▶ 참고: https://www.slovenia.info/en/places-to-go/attractions/postojna-cave

발칸반도 작은 나라에서의 울림

　슬로베니아는 국민의 83% 이상이 슬로베니아인이고 남슬라브어족에 속하며 세르보-크로아티아어와는 친족 관계에 있으며 57% 이상이 가톨릭교이다. 석회암 지형이 발달한 카르스트 지형으로 포스토이나 동굴은 입구에서부터 기차를 타고 들어가야 한다. 기원전 2세기에 로마인들이 들어와 주요 도로를 건설하였고, 독일 바이에른 공국에 흡수되었다가 이후 프랑크 제국에 병합되었다. 13세기에는 신성로마 제국의 휘하에 있었고, 15, 16세기에는 강력한 오스만 제국의 공격을 받았으며, 18세기에는 합스부르크 가문의 지배를 받았다. 언어는 슬로베니아어를 쓰지만 독일어가 공용어가 되기 쉬웠다. 오스만 제국의 침입에 대한 영주들의 무관심이 농민들의 반란을 잉태하여 16세기 초 종교개혁의 물결에서 신교인 프로테스탄트에 기울게 했다. 프로테스탄트와 민족주의가 결합하여 독립운동으로 바뀌자 합스부르크 제국은 이를 강하게 탄압하여 가톨릭이 지배적인 종교가 되었다.

　1918년 제1차 세계대전에서 오스트리아-헝가리 이중제국이 붕괴하면서 슬로베니아는 크로아티아와 함께 세르비아 중심의 연합국으로 남슬라브족의 첫 번째 통합 왕국을 형성한다. 세르비아-크로아티아-슬로베니아 왕국은 1929년 유고슬라비아 왕국으로 통합하여 건국되었다. 제2차 세계대전 1941년 나치독일의 침략으로 유고 연방은 패망하고 슬로베니아는 독일, 이탈리아, 헝가리에 분할 점령되었다. 1990년 12월 23일 국민투표에서 87% 이상이 유고 연방에서의 독립을 지지하고, 1991년 6월 25일 독립을 선언하자 유고 연방군이 6월 27일

슬로베니아에 진주하여 10일 전쟁이 시작되었으나 EC의 중재로 유고 연방군이 브리오니 협약에 서명하면서 군사개입이 중단되었다.

블레드 성과 호수, 소원의 종처럼 슬로베니아는 무엇인가 조용한 울림이 있는 나라다. 인구가 2백10만 명에 지나지 않지만, 독일과 오스트리아의 영향으로 가장 서구화되었다. 유고 연방을 통합한 티토의 어머니의 나라로 티토가 여름철에 블레드 호수를 찾아와 휴가를 즐길 정도의 평화로운 곳이다.

슬로베니아 블레드호수

PART 04
크로아티아

Croatia

아드리아해. 크로아티아 오파티야에서 보는 아드리아해

크로아티아 기본 정보

인구	389.9	만 명(2021년)
면적	56,594	km²
수도	자그레브	
정치체제	대통령직선제, 의원내각제	대통령제와 의원내각제 절충
종교	가톨릭, 동방정교	
언어	크로아티아어	
통화	쿠나(Kn)	EUR
환율	1Kn=174.71원	2023. 2. 25. 기준

크로아티아 지도

중심가 시내

크로아티아 역사

크로아티아는 지리적으로 발칸반도 및 남동유럽으로 아드리아 해
안을 따라 있다. 국경 전체의 길이는 2,197km에 이르는데, 이 중 1/3
인 670km는 슬로베니아 국경과 329km는 헝가리 국경과 나머지는
보스니아, 헤르체고비나, 세르비아, 몬테네그로 국경과 마주하고 있
다. 지중해에서 아드리아해를 따라 태양이 내리쬐는 해안 지역은 여름
은 덥고 건조하며 겨울은 온화하고 비가 내린다. 그래서 4월부터 10월
까지는 건기, 11월부터 3월까지는 우기로 분류한다. 대다수는 가톨릭
이며, 군인들이 목을 보호하기 위해 두른 목수건 크라바트(krvat)에서
기원한 넥타이의 기원이 되는 곳이다. 지리적으로 이스트라 반도, 리
예카, 크바르네르와 달마티아가 아드리아 해안 쪽에 있고, 동유럽 지
구인 슬라보니야와 자그레브를 중심으로 중유럽 지구가 걸쳐져 있다.

민족 자체는 남슬라브계에 속하며, 언어도 세르비아, 보스니아, 몬
테네그로와 거의 같다. 오래전에 최초의 정착민이 있었고, 원시인류인
네안데르탈인 자그레브 인근의 크라피아 근처에 후쉬냐코보 브르도
및 빈디야 동굴이 있다. 기원전 2세기 중엽부터 로마인이 아드리아 해
안과 판노니아 평원 사이의 일리리아 종족에게 영향력을 행사하였고,
기원전 34년 옥타비아누스가 로마제국에 합병하였다. 6세기에 중앙
아시아 기마민족인 아바르족이 판노니아 평원으로 이주해왔다.[30]

크로아티아[31]는 7세기경 슬라브계가 우크라이나 카라파티아 산맥에
서 이주한 것이 유래가 되는데, 토착민이었던 일리리안 족은 로마제국

---

30) 이성만(2017), 역사를 품은 발칸유럽 남동유럽의 재발견, 서울: 신아사, pp.302-303.
31) 주크로아티아 대한민국대사관 홈페이지(https://oversea.mofa.go.kr)에서 참고함.

에 의해 5세기까지 지배당한 것으로 알려져 있다. 크로아티아가 자치 왕국을 형성한 것은 925년 토미슬라브[32]라는 지도자를 중심으로 베네치아-헝가리 왕국으로부터 북부 판노니아 공국과 남부 달마티아 공국을 통일하면서부터이다. 그래서 최초의 왕인 토미슬라브의 동상이 자그레브 중앙역 광장에 세워져 있다. 이후 11세기까지 비잔틴의 지배를 받다가 헝가리 왕국과 연합하고, 16세기 초부터는 오스만 제국의 지배하에 들어가서 제1차 세계대전까지 오스트리아 제국의 지배를 받는다. 1918년 남슬라브족 통합운동으로 오스트리아-헝가리 제국으로부터 분리를 선언하고 세르비아 왕조 중심의 통합국가인 '세르비아-크로아티아-슬로베니아 왕국(1929년 유고슬라비아로 개칭)'에 가담한다. 양차 대전 사이 주변국 독일 및 이탈리아 등 파시즘에 대응하기 위해 1939년 독립 내각이 형성된다. 그러나 독일의 유고 점령 이후 휘하정권에 의해 1941~1945까지 파시스트 지도자에 의해 세르비아인과 유대인들은 박해를 받는다. 제2차 세계대전 이후 1945년 티토가 이끄는 사회주의 유고슬라비아 연방공화국(슬로베니아, 세르비아, 크로아티아, 보스니아·헤르체고비나, 몬테네그로, 마케도니아 등 6개국)에 편입되어 공산정권하에 있었다.

1980년 티토의 사망으로 냉전은 붕괴, 공산 지배는 종식된다. 민족주의 영향 아래 자유선거가 실시되고, 이후 1991년 6월 독립을 선언하지만 세르비아계의 반발로 내전이 발발하여 수많은 희생을 낳게 된다, 1995년 데이튼 평화 협정(Dayton Peace Accord)으로 내전은 종식된다. 이후 사회안정과 경제성장을 추진하여 건실한 발전을 이루었으

---

32) 크로아티아의 초대 왕, 교황 요한 10세가 서한에서 rex croatorum(크로아티아의 왕)이란 칭호 사용.

며, 2009년 북대서양 조약기구(NATO) 회원국이 되었고, 2013년 7월 EU 회원국이 되었다. 크로아티아 정부 형태는 대통령 직선 하의 의원 내각제이다. 의회는 단원제이며, 임기 4년의 151명으로 구성된다. 행정구역은 20개 주, 1 직할시이다.

자그레브

자그레브는 크로아티아의 수도이다. 자그레브는 크로아티아의 북서쪽, 다뉴브 강의 지류인 사바 강변에 있고, 메드베드니차산의 남쪽에 있다. 자그레브라는 명칭은 중세에 메마른 지역이었던 이곳을 지나가던 영주가 기사들의 목마름을 해결하기 위해 땅을 파서 우물을 발견했다는 뜻에서 유래한다. 크로아티아어로 자그레브라는 지명과 비슷한 용어인 '자그라비티'는 '움푹 퍼내다.'라는 뜻이다.[33] 로마 가톨릭 대주교 관구이고, 그 상징물이 자그레브 대성당이다. 당시 헝가리는 자그레브의 서쪽인 그라데쯔(Gradec) 지역에는 상인과 농부가 거주하게 하고, 동부의 카프톨(Kaptol) 지역에는 성직자들을 위한 숙소와 함께 대규모 성당을 세웠다.

크로아티아 초대 왕인 토미슬라브 동상. 자그레브 중앙역 앞에 광장에 있다.

---

33) 위키백과(wikipedia.org)에서 참고함.

로마 시대 자그레브는 '안다우토니아(Andautonia)'로 불렸으며, 이후 지리상의 발견 전까지 아드리아 해안 두브로브니크, 스플리트, 자다르 등을 중심으로 정치·경제·문화가 발전되었다. 토미슬라브는 925년경 크로아티아 초대 왕이 되었는데, 그는 헝가리 마자르족의 침입을 성공적으로 막아냈다. 19세기 헝가리 지배 아래 영주였던 요시프 옐라치치(Josip Jelacic)가 독립을 추진하였고, 1851년 그라데쯔 지역과 자그레브 전체를 통합하여 자그레브를 건설하였다. 오늘날 자그레브 시 중앙 광장의 이름은 그의 이름을 딴 반 옐라치치 광장이며, 신시가지와 구시가지를 이어주는 곳이다. 1990년대 크로아티아인들이 유고슬라비아 연방에서 독립을 추진할 당시 시민들이 모인 곳이며, 서유럽이나 발칸반도의 다른 도시들과는 다른 독특한 문화를 가지고 있다.

자그레브 시가지

돌의 문

　돌의 문은 13세기 지어진 석문으로 원래는 4개의 문이었으나 1731년 대화재로 나머지 문들은 타버리고 성모 마리아의 그림이 놓여있던 이 문만 유일하게 무사했다. 이후 가톨릭 신자들의 성지로 추앙받게 되어 바로크 양식의 제단을 설치하고 그 위에 성모 마리아 그림을 모셔놓았다고 한다. 돌의 문에서 200m 더 가면 성 마르코 성당이 나온다.

중세시대 윗 마을과 아랫마을을 나누어 주는 기준점이 되던 곳

성 마르코 성당

이 교회는 자그레브에서 가장 오래된 건물 중 하나이며 그 상징이다. 광장에 우뚝 서있는 성 마르코 성당은 13세기에 지어졌고, 삼각의 지붕은 로마네스크 시대 원형을 가장 많이 보존하고 있다. 고딕 양식의 아치로 된 천장과 교회는 남쪽 정문 상부에 있는 15개 상징물과 함께 14세기에 보수되었다. 그중 일부는 1420년 프라하 출신 장인에 의해 만들어졌다. 교회는 19세기 후반에 Herman Bollé에 의하여 신고딕 양식으로 재건되어 유지되었다. 지붕의 타일은 크로아티아, 달마티아, 슬라보니아 삼국의 왕을 상징하는 문장으로 자그레브시의 문장과 함께 만들어졌다. 그 디자인은 1936~1938년 기간에 유명한 화가 Jozo Kljakovic와 조각가 Ivan Mestrovic에 의하여 복원되었다.

지붕은 세 부분으로 구분되어 있다. 작지만 역사성이 있는 건물임이 틀림없다. 지붕의 문양은 적색과 흰색의 모자이크와 좌·우측의 문장이 독특하다. 왼쪽은 크로아티아, 슬라보니아, 달마티아를 상징하는 문장이고, 오른쪽은 자그레브시의 문장이다. 왼쪽 문장은 3개 부분으로 구분되어 있다. 좌측 상단의 적색과 흰색의 체크무늬는 16세기 Crotia, 우측 상단의 사자 머리 세 개는 로마 제국의 Dalmatia, 하단 문양은 동부 크로아티아 Slavonia를 상징하는 동물 쿠나(담비)라고 한다.[34]

---

34) https://blog.naver.com/PostView.naver?blogId=bada3347&logNo=221484475334

성 마르코 광장 1번지에 있는 반스키 드보리(Banski dvori) 혹은 '통치자 궁전'은 크로아티아 정부의 자리이고, 총리의 관저이다. 그 궁전은 19세기 초반에 세워졌고, 1808년부터 1918년까지 크로아티아 정부의 집이었다. 여기서 전설적인 반 요십 옐라치치(Ban Josip Jelačić)가 살다 죽었다. 크로아티아에서 이곳은 정치적 결단의 장소인 것 같다. 관광청에서는 다음과 같이 설명하고 있다.

통치자의 궁전

The Croatian Sabor or Parliament has held its sessions at this location ever since 1737. The current building dates from the beginning of the 20th century. It was here that members voted to sever political ties from the Austro-Hungarian Empire in 1918 and from Yugoslavia in 1991.[33]

크로아티아 사보르 혹은 의회는 1737년 이후로 이 장소에서 회기를 열어왔다. 현재의 건축물들은 20세기 초반부터 현대화되었다. 이곳은 의회 의원들이 1991년 유고슬라비아로부터, 1918년에는 오스트리아-헝가리의 제국으로부터 정치적 관계를 단절하기 위해 투표를 한 곳이 바로 여기다.

---

35) 자그레브 관광청 홈페이지(https://www.infozagreb.hr/)에서 참고함.

자그레브 대성당

자그레브 대성당

    자그레브 대성당은 성 스테판 성당(St. Stephen Chapel)으로 불린다. 카톨 언덕 높은 곳에 자리 잡고 있어 쉽게 찾을 수 있다. 내부는 화려한 스테인드글라스 장식과 설교단이 있고, 한 번에 5천 명이 미사를 드릴 수 있는 규모이며, 6천 개 이상의 파이프로 만들어진 파이프 오르간이 있다. 매년 7월~9월에 열리는 '오르간 축제' 때는 그 웅장한 음악을 감상할 수 있다. 광장에서 보이는 황금 성모 마리아상은 오스트리아 조각가 슈미트가 설계하여 믿음, 소망, 순결, 겸손을 상징하는 네 명의 천사 조각상이 떠받치고 있다. 1094년 헝가리와 라디슬라우스 1세에 의해 건축되기 시작한 자그레브 대성당은 1242년 몽골의 침략으로 파괴되었다가 1263년에 다시 건축되었다. 첨탑이 인상적인 이곳은 자그레브 어디

서나 볼 수 있는 건축물이다. 11세기에 지어졌으나 13세기에 화재, 1880년 대지진으로 손상된 후 신고딕 양식으로 복원되었다. 크로아티아의 조각가 이반 메스트로비치가 조각한 바로크양식의 대리석 계단과 동상, 성 스테파노 주교의 묘 등이 주요한 볼거리다.

중세 시대의 웅장함과 종교와 인권을 위한 스테피나츠 추기경의 업적을 상징하는 역사적 건축물로 크로아티아 화폐 1,000쿠나(kn, 한화  로 약 180,000원의 가치) 뒷면에 그려져 있기도 하다. 이곳 대성당은 반 예라치치 광장에서 10분 정도 떨어진 거리에 있다.

1,000쿠나 뒷면, 토미슬라브 기마 상과 자그레브 대성당이 그려져 있다.

반 옐라치치 광장

　자그레브 구시가지 중심지에는 반 옐라치치 광장이 있다. 이 광장을 중심으로 은행과 상점 등 쇼핑을 할 수 있는 거리가 펼쳐져 있다. 이 거리는 양쪽으로 4km 정도 되는데 이곳에서 각종 행사와 공연이 열리고 수많은 시민이 모인다. 이 거리를 일명 일리차(Ilica) 거리라고 한다. 이곳의 북쪽(upper town)에는 중세 시대의 유적이 많이 있고, 남쪽(lower town)에는 상가와 호텔, 음식점이 발전되어 있다.

　요시프 옐라치치는 크로아티아-슬라보니아-달마티아 왕국의 총독으로 1848년 제국 정부에 의해 육군 중장으로 진급되고 크로아티아 왕국의 총독 겸 군대 총사령관으로 임명된 사람이다.[36] 농노제도를 폐지하고 크로아티아 최초의 선거를 실시해 의회를 수립한 인물이다. 헝가리 왕국과의 전쟁에서 수많은 전공을 세웠고, 1949년 헌법 제정에 정치적 기여를 하였다. 현재 크로아티아 화폐의 20쿠나(kn, 한화로 약 3,600원의 가치) 지폐에 얼굴이 새겨져 있다.

20쿠나 앞면(옐라치치)

---

36) 나무위키(https://namu.wiki/w/), 요시프 옐라치치

옐라치치 동상   광장

광주리를 머리에 이고 있는 여인   돌라츠 시장의 동상

크로아티아인들은 1990년대 유고 연방에서 독립을 추진하면서 모였던 광장이다. 헝가리 지배하의 영주 요시프 옐라치치(Josip Jelacic)는 독립을 추진하여, 1848년 파리 혁명 이후 오스트리아와 헝가리의 지배에서 벗어나도록 노력하였고, 1851년 그라데쯔 지역과 자그레브 전체를 통합하여 새로운 도시 자그레브를 건설하였다. 오늘날 자그레브시 중앙 광장의 이름은 그의 이름을 딴 반 옐라치치 광장이다. 신시

가지와 구시가지를 이어주는 이곳은 시민들의 만남의 장소이며, 문화예술의 공간이다. 광장 주변의 건물은 19세기에 건축된 아르누보와 포스트모더니즘 양식이다. 광장 양옆으로 4km 이르는 거리는 자그레브에서 가장 긴 쇼핑의 거리다. 광장 한가운데에는 당시 군대를 이끌고 헝가리 전투에서 승리한 요시프 옐라치치(Josip Jelacic) 동상이 있다. 이곳은 1990년대 크로아티아 시민들이 유고슬라비아 연방에서 독립을 추진할 당시 시민들이 모인 곳이다. 요시프 옐라치치 동상 왼쪽 계단으로 올라가면 돌라츠 시장이 있는데 입구에 시장의 상징물인 광주리를 얹은 여인 동상이 있다. 이곳을 걷다 보면 여행객을 위해 이와 같은 이벤트를 하는 여인과 사진을 찍을 수 있다.

플리트비체 트레킹

플리트비체 국립공원은 자그레브에서 버스로 2시간가량 소요된다. 이 공원은 방대한 원시의 숲과 호수가 만들어낸 공원으로 희귀한 동식물과 곤충, 멸종 위기의 식물이 서식하는 생태계의 보고이므로 숙박지를 정해놓고 관람하기를 권장하고 있다. 탐방 코스도 보통 8개로 알려져 있으며, 출입구도 북쪽 1번과 남쪽 2번에 각각 있다.

호수를 배로 이동하여 탐방하는 코스는 4~6시간 소요되고, 짧게 호수 주변만 돌아보는 2~3시간 코스도 있다. 위쪽의 호수는 12개로 좀 더 원시적이고, 아래쪽 호수 4개는 큰 폭포를 볼 수 있어 많은 사람이 찾는 곳이다.

우리는 1번 입구에서 시작해서 하부의 호수를 따라 이동하면서 플리트비체 폭포를 감상하고 호수 주변의 통나무 트레킹 코스를 따라 상부로 이동하면서 1시간 정도 풍경을 감상했다. 배 터에 도착한 후 보트를 타고 호수를 건너 원시림 같은 숲과 크고 작은 폭포를 지나 다시 입구로 돌아왔다. 시간은 5시간 남짓 걸린 것 같다.

폭포

보트 투어

플리트비체 입장권. 뒷면에 호수의 트레킹 코스가 표시되어 있다.

유람선에서 내려 보는 플리트비체 상류는 원시림을 보는 듯 울창한 숲이 계곡 속의 물과 함께 어우러져 있다. 탄산칼슘과 석회 침전물들이 만들어낸 물빛은 푸른 옥색을 띠고 있다.

플리트비체 국립공원[37]

코로아티아의 최초 국립공원, 에메랄드빛 호수와 나무가 천혜의 비경을 만들어 이런 호수를 따라 산책하면서 즐기는 곳이다. 맑은 호수에는 물고기들이 떼 지어 다니기도 한다. 호수의 가장자리를 따라 나무 널빤지로 산책로를 만들어 이곳을 따라서 사람들이 이동하며 자연을 감상한다. 산책로는 10개에 이르며 노선에 따라 입장료가 다르다. 하류 부분에 가장 큰 폭포는 Veliki slap으로 78m이다.

플리트비체 국립공원은 자그레브(Zagreb)와 자다르(Zadar) 두 도시의 중간 지점에 위치한 국립공원이다. 행정 구역상으로는 리카센주, 카를로바츠주에 위치한다. 약 19.5ha에 해당하는 면적의 숲으로 이루어진 이 국립공원은 곳곳에 16개의 청록색 호수가 크고 작은 폭포로 연결되어 있는 아름다운 모습을 하고 있다. 나무로 만들어진 약 18km 길이의 인도교는 개울 위를 지나기도 하고, 개울이 인도교 위를 지나 얕게 흐르기도 하여 매우 상쾌한 산책로를 형성하고 있다. 이 국립공원의 호수는 상류 부분과 하류 부분으로 나뉜다. 상류 부분에 위치한 백운암 계곡의 호수들의 신비로운 색과 울창한 숲의 조화가 가장 신비로운 장관으로 평가받고 있다. 하류 부분에 위치한 호수와 계곡들은 그 크기가 조금 더 작고 얕으며, 나무도 작아 아기자기한 느낌을 준다. 플리트비체 국립공원의 대부분의 물은 Bijela와 Crna(하얀과 검다는 뜻)강에서 흘러들어 오며, 모든 물줄기는 사스타비치(Sastavici) 폭포 근처에 있는 코라나(Korana) 강으로 흘러간다.

---

37) 위키백과(wikipedia.org), 플리트비체 국립공원

에메랄드빛 호수

유람선을 기다리는 관광객

국립공원 내부의 방대한 양의 물은 물에 포함된 광물, 무기물과 유기물의 종류, 양에 따라 하늘색, 밝은 초록색, 청록색, 진한 파란색, 또는 회색을 띠기도 한다. 물의 색은 날씨에 따라서도 달라지는데, 비가 오면 땅의 흙이 일어나 탁한 색을 띠기도 하고, 맑은 날에는 햇살에 의해 반짝거리고 투명한 물빛이 연출되기도 한다. 여행할 때 강하게 추천하는 장소이다.

이 지역은 약 400년 전까지만 해도 공개되지 않은 지역이었다가, 16세기와 17세기에 걸쳐 터키와 오스트리아 제국의 국경 문제로 군대의 조사가 이루어지는 과정에서 발견되었다. 사람의 접근이 매우 어려워 '악마의 정원'이라고도 불리었으며, 많은 전설을 갖고 있는 지역이기도 하다. 1893년에 이 지역의 환경을 보호하기 위한 단체가 생긴 이후, 1896년에 처음으로 근처에 호텔이 지어지면서 관광 지역의 잠재성이 드러나게 되었다. 1951년에는 지형의 침식이나 훼손을 최소화하고, 관광 산업은 극대화할 수 있는 국립공원의 적합한 범위가 구체적으로 지정되었다. 1893년 기준으로는 크로아티아에서 가장 아름다운 지역 중 한 곳으로, 매년 약 90만 명이 이 아름다운 지역을 방문하고 있다.

오파티야

　오파티야는 크로아티아 북서쪽 이스트라 반도에 위치하고 오래전부터 유럽인들의 휴양지로 알려져 있다. 지중해 북쪽에 있는 이탈리아 반도의 북서쪽 아드리아 해 연안에 위치한 오파티야는 크로아티아에서 가장 정적인 곳으로 조용한 해변 휴양지이다.

서부 이스트라반도에 위치해 행정 구역상으로는 프리모레고르스키코타르 주에 속하며, 도시 인구는 7,850명, 지방자치단체 인구는 12,719명이다. 아드리아해 크바르네르만 연안과 접하며, 리예카에서 남서쪽으로 18km 정도 떨어진 곳에 위치한다. 오파티야에서 남서쪽으로 약 82km 정도 떨어진 풀라와는 도로로 연결되어 있고, 오파티야에서 북서쪽으로 약 90km 정도 떨어진 이탈리아 트리에스테와는 철도로 연결되어 있다.[38]

　　크로아티아 수도 자그레브에서 오파티야(opatija)까지는 버스로 3시간 정도 걸린다. 이곳은 18세기 후반부터 제1차 세계대전까지 오스트리아의 지배를 받았고, 19세기에는 프랑스령이 되기도 했다. 1991년 크로아티아가 되었다. 오스트리아의 지배를 받을 때 부유한 상인들이 저택을 짓고 황제와 고위인사를 손님으로 초빙하면서 아드리아 연안에 호텔이 들어서고 관광지가 되었다.

　　오파티야는 크로아티아어로 '수도원'이란 의미이다. 오스트리아 지

---

38) 위키백과(wikipedia.org), 오파티야

배를 받던 1844년 리예카 출신 상인 이지니오 스카르파(Iginio scarpa)가 이곳에 저택을 짓고 오스트리아 황제와 크로아티아 수장인 반(ban)등 초고위층 인사를 손님으로 받아들이면서 유명해졌다. 그 후 1882년 아드리아 연안 최초의 호텔이 문을 열었고, 요양소로 각광받아 유명인들이 방문했다. 1844년 크로아티아 관광업이 시작된 안졸리나 저택(Villa Angiolina) 근처에 있는 벽에 오파티야를 방문한 유명인들의 그라피티가 있다. 저택은 해안 동쪽 끝 부근에 있다. 이 저택은 오스트리아 지배기에 건설되어 당시 독일과 오스트리아에 유행하던 비더마이어 양식으로 건축되었다. 현재 크로아티아 관광 박물관으로 사용되고 있다.[39]

해변가에 있는 고급 저택

우리나라 지식채널 『EBS 세계 테마여행』에서는 크로아티아 서북부의 해안 도시 '오파티야'를 다음과 같이 소개하고 있다. "1880년대에 한 귀족이 아드리아해의 아름다운 매력에 빠져 오파티야에 그들의 가족을 위한 별장을 지었다. 이후로 오스트리아의 수많은 귀족이 자신

39) https://brunch.co.kr

들의 별장을 짓기 시작하면서 오스트리아 귀족과 왕족들이 자주 찾는 휴양지로 발전하였다. 이곳은 100여 년이 지난 지금까지도 손꼽히는 휴양지다".

아드리아의 진주, 크로아티아

크로아티아 지도를 보면 왼편으로 움푹 들어가 있어 이상하게 보인다. 이 움푹 팬 곳이 보스니아-헤르체고비나이다. 발칸반도 남동 유럽 아드리아 해안을 끼고 있는 크로아티아는 국경 전체의 길이가 2,197km에 이른다. 해안 지역 최남단 보스니아 헤르체고비나에 속하는 도시 네움(Neum)이 3km에 걸쳐 크로아티아와 보스니아를 분리하고 있다. 보스니아는 네움을 통해서만 바다로 나갈 수 있다.

크로아티아는 인구의 90%가 크로아티아인이고, 86% 이상이 가톨릭을 신봉하는 나라이다. 395년 로마 제국이 분할되었을 때 서로마에 속했다가 로마 제국이 해체된 이후 동로마 제국 및 비잔티움에 귀속되었다. 925년 토미슬라브가 초대 왕이 되었고, 1102년에는 크로아티아와 헝가리는 군주는 하나이되 주권은 각국이 갖는 관계가 성립되어 반(Ban, 총독 혹은 그의 권한대행)이 고유의 자치권을 가지고 있었다. 15세기 중엽부터 헝가리가 오스만의 공격을 받아 모하치 전투에서 오스만 제국에 패하였을 때, 수백 년 동안 크로아티아는 오스만 제국에 대응하는 전쟁터로 방어용 군사분계선이 설치되어 상당수의 정교회 교인들이 정착했다. 크로아티아의 해안 지역은 지중해와 중부 유럽의 영향을 많이 받았다. 베네치아 공국이 아드리아해를 통해 무역을 추진함으로써 해안 도시가 발달했다. 달마티아 지역의 성당, 시청, 저택, 시계탑과 두브로니크의 수도원, 성벽의 장식 등은 고딕 양식으로 건축되었다. 북부 지역에는 르네상스풍으로 발전되었고, 17세기 이후 성당 내부는 바로크 양식의 영향으로 바뀌었다.

　반면에 아드리아해에 연접한 보스니아 달마티아 지역은 서로마 제국에 편입되었다가 동로마 비잔티움 제국에 편입되었고, 이후 슬라브족이 대거 이주하여 슬라브계의 크로아티아 왕국이 통치하였다. 1386년 오스만 제국이 보스니아를 침략하여 지배하게 되면서 이 지역을 이슬람교로 개종하게 하였다. 서북부에는 가톨릭, 동남부에는 정교회의 영향을 받았지만 험준한 지형과 폐쇄적이었던 곳에 오스만 제국의 세금 혜택과 관리 임용 정책이 이슬람으로의 개종을 쉽게 했다. 보스니아는 16세기 이후 오스만 제국과 합스부르크 왕조 및 베네치아 공화국의 끊임없는 전쟁터였고, 1908년에는 오스트리아가 보스니아를 합병하여 유권자를 정교회, 가톨릭교, 이슬람교 3개로 나누었다. 1914년 보스니아 출신 세르비아계 학생이 오스트리아 제국 황태자 부부를 암살하면서 제1차 세계대전이 발발하였다. 제2차 세계대전에서 보스니아의 세르비아인들은 크로아티아계 공산정권의 인종학살로 극도의 고통을 겪었다.

발칸반도 분쟁과 민족주의

　유고슬라비아는 슬라브족의 나라로, 유고슬라비아는 남쪽의 나라라는 뜻이다. 유고 연방은 슬로베니아, 크로아티아, 보스니아 헤르체고비나, 세르비아, 몬테네그로, 마케도니아 6개국과 보이보디나와 코소보의 2개 자치구로 구성되어 있었다. 지정학적으로 서쪽의 독일과 오스트리아, 북쪽에는 러시아, 남쪽에는 오스만 제국이 발칸반도와 동유럽을 지배하고 있었다. 19~20세기 강대국의 지배를 받으며 종교와 문화가 분리되어 갈등이 잠재되어 있는 나라였다. 서쪽의 슬로베니아 크로아티아는 로마의 영향을 받아 가톨릭 중심이었고, 동쪽의 세르비아, 몬테네그로, 마케도니아는 러시아 정교회 영향을 받았으며, 중간의 보스니아는 이슬람 문화권이었으나 현재는 가톨릭과 정교회 문화가 혼합되어 있는 곳이었다.

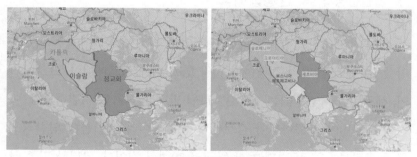

유고 연방과 민족별 문화권

　제1차 세계대전 당시 슬로베니아 크로아티아 보스니아는 오스트리아-헝가리의 지배를 받고 있었고, 세르비아는 오스만의 지배를 벗어나 독립국의 지위에 있었다. 그러나 힘이 없었던 슬로베니아, 크로아티아는 제1차 세계대전 승전국인 세르비아와 연합국을 만들게 된다. 크로아티아와 세르비아의 충돌은 극단적인 민족주의에서 기원한다. 18세기 초 슬로베니아와 크로아티아에서는 유고슬라비즘이라는 이데올로기가 눈을 뜨기 시작했다. 발칸반도의 슬라브족은 크로아티아 축으로 이루어져야 한다는 논리로, 모든 남쪽 슬라브인은 모두 크로아티아인이었다는 것이다. 세르비아인, 보스니아의 이슬람교도들도 모두 크로아티아인이기 때문에 크로아티아 중심의 통일 슬라브를 건설해야 한다는 것이었다. 반면 세르비아에서는 대세르비아주의가 대세였고, 특히 실질적 힘을 가지고 있던 세르비아 정치인들은 민족 이익을 지상과제로 내세우는 대세르비아주의자들이었다.[40] 그러면서 두 나라는 보스니아에 대한 주도권을 서로 차지하려고 했다.

🖋 발칸전쟁과 3국 간 통합 왕국

제1차 세계대전이 끝나면서 런던 협약에 의해 이탈리아군이 아드리아 동부 해안을 따라 점령하기 시작했고, 이에 슬로베니아, 크로아티아, 세르비아 국민회의는 1918년 11월 말 합병하기로 의결하였다. 이것이 세르비아-크로아티아-슬로베니아 왕국이라는 이름의 연합국으로 남슬라브족의 첫 번째 통합 왕국을 형성한 것이다. 그러나 민족 간 갈등이 심하였고, 세르비아는 군주제를 크로아티아-슬로베니아는 연방제를 주장하고 있었다. 오스트리아-헝가리 제국에 병합되어 있는

---

40) 김성진(1997), 「발칸 분쟁사」, 서울: 우리문화사, pp.69-71.

크로아티아와 슬로베니아는 유고슬라비즘을, 오스만 제국하에서 독립을 쟁취한 세르비아는 대세르비아주의로 팽배해 있었고 제1차 세계대전 내내 충돌했다. 통합 왕국은 분쟁의 시작에 불과했다. 세르비아 출신의 알렉산더 왕이 군부의 지지를 받아 강한 물리력을 행사하는 데다가 야당 조직이었던 크로아티아의 농민당을 해산시켜 버렸고, 거기에 더해 당수 라디치는 암살당했다. 크로아티아 저명인사들도 고초를 겪거나 망명을 해야 했다. 이런 독재 왕정에 대한 반발이 급기야는 크로아티아 극우파에 의해 알렉산다르 1세를 피격하게 되고, 프랑스 마르세유 방문 시 사망하는 사건이 발생하게 된다.

해외 망명인사 중에 이탈리아로 망명한 크로아티아 극우 보수주의자 안테 파벨리치(Ante Pavelic)는 무솔리니의 지원을 받아 크로아티아의 독립을 목표로 하는 우스타샤(Ustasa, 크로아티아어로 반란)를 조직했다. 이 조직이 제2차 세계대전 중에 세르비아인을 엄청나게 학살하기에 이른다.[41] 히틀러와 연상되는 극단적인 민족주의자였으며 가톨릭 신자였던 그는 크로아티아인과 가톨릭 신자만이 살 수 있는 나라로 만들려고 개종과 추방을 자행하였다. 다른 종교와 다른 민족을 향한 혐오는 집단 학살과 탄압으로 이어졌고, 강제 개종으로 국가를 건설하려 하였다. 반면 1941년 여름부터 우스타샤 정권에 대항하는 크로아티아 공산주의자들의 유고슬라비아 빨치산 운동이 시작되어 1942, 1943년 동안 국가의 대부분을 통제하에 넣을 수 있었다. 요시프 티토와 안드리야 헤브랑이 주도적 인물이다.[42] 1945년 제2차 세계대전의 종전으로 주범 안테 파벨리치는 망명하여 스페인으로 달아났

---

41) 김성진(1997), 앞의 책, pp.110-111.
42) 이성만(2017), 앞의 책, p.308.

지만 세르비아인에 의해 죽임을 당하였다.

📎 통합과 충돌, 또 보복

종전 후 유고 연방을 통합시킨 요시프 브로즈 티토는 크로아티아인 아버지와 슬로베니아인 어머니 사이에서 태어난 사람이다. 형제애와 통일 정책(brotherhood and unity)으로 민족주의 사상을 제거하고 중립 외교 노선을 채택하여 미·소(美·蘇) 어느 쪽에도 치우치지 않으려는 중립적 외교 정책을 폈다. 사회주의와 자본주의를 모두를 혼용하여 도입함으로써 70~80년대 경제부흥을 도모하였던 사람이다. 1980년 5월 티토의 사망(87세) 후 유고 연방은 경제불황과 인플레이로 어려움을 겪게 되고 6개국 2자치주 8명의 집단 대표가 통치하는 체제로 이어진다. 이때 세르비아의 밀로세비치는 민족주의 감성을 자극하면서 "티토는 세르비아를 희생시켜 이익을 챙겼다."라며 세르비아 중심의 연방이 되어야 한다고 주장한다. 이런 와중에 크로아티아 국민클럽 디나모 자그레브와 세르비아 명문팀 쯔르베나 즈베즈다 축구 경기에서 관중 충돌로 유혈사태가 벌어진다. 여기에서 경찰이 크로아티아 관중만 두들겨 패는 사건이 불거진다. 이는 세르비아계가 경찰력 장악하고 있었기 때문이라고 알려진다. 이로 인하여 크로아티아에서는 서로 살 수 없다는 여론이 확산되었다. 1991년 크로아티아, 슬로베니아가 연방 탈퇴 독립을 선언하자 군권을 장악하고 있던 세르비아는 슬로베니아 주둔군으로 하여금 슬로베니아를 공격하게 된다. 그러나 예상 밖으로 전쟁은 10일 만에 슬로베니아의 승리로 끝나게 된다. 슬로베니아인이 88% 거주하게 되는 곳에 세르비아가 크로아티아를 거쳐 슬로베니아를 공격하는 것이 불합리하다고 생각해서 포기하게 된 것이다. 이후 세르비아 주축의 연방군은 후퇴하면서 크로아티아를 향하게 된다. 세르비아인 60만 명이 거주하는 크로아티아였으나 과거 학살당한 앙금을 가지고 있었고, 크로아티아를 침공하여 2/3를 점령한다. 유고 연방군과 세르비아 민병대는 크로아티아와 세르비아 접경지인 부코바르를 공격하여 2만여 명을 추방한다. 그러나 이때 병원에 있던 사람들 260명을 집단 학살하는 사건이 발생하게 된다. 크로아티아는 민병대를 조직하여 저항하였으나 유고 연방의 상대가 되지 않았다. 체계적인 군대조직이 없었기 때문이다.

1991년 10월 유고 연방군이 아드리아의 진주라고 하는 두브로브니크를 공격하여 문화유적지가 파괴되어 불타고 찬란한 중세의 도시 1/3이 손상을 입게 된다. 아드리아 해안의 고대, 중세 유적이 파괴된다. 크로아티아 지성인들이 자선 활동하면서 전 세계 언론이 유고 연방군의 공격을 질타하는 보도하게 되고 유럽 공동체 EC에서 1992년 1월 15일 만장일치로 크로아티아 독립을 승인한다. 이후 3년간 유고 연방군과 크로아티아군의 전쟁으로 1995년 크로아티아는 독립을 쟁취하게 되지만, 5년간의 전쟁으로 2만여 명의 사상자와 30만 명 이상의 난민이 발생하게 된다. 이후 마케도니아가 독립하게 되어 연방에서 보스니아, 세르비아, 몬테네그로가 남지만 1995년 3월 보스니아도 연방 탈퇴를 선언한다.[43] 이에 유고 연방군이 보스니아를 공격하게 되고,

---

43) 보스니아에는 이슬람계 보스니아인 43.5%, 정교도 세르비아인 31.25, 가톨릭 크로아티아인 17% 등이 거주하고 있었다. 보스니아는 1992년 2월 연방 탈퇴를 국민투표에 부쳐 99% 찬성을 얻게 된다. 이는 세르비아계가 투표에 불참함으로써 얻어진 결과다.

유고 내전이 발발하게 된다. 세르비아군이 주축이 된 유고 연방군은 보스니아의 사라예보를 포위하고 시민을 공격하였으며 이후 인종 청소를 시작한다. 더보이, 포차에서 학살을 자행하였고, 세르비아와 접경지에 있는 마을인 스레브레니차 마을은 보스니아와 크로아티아인이 주류인 곳인데 이곳에서 1만여 명의 주민이 집단 학살당했다. 배후에는 세르비아 대통령 밀로셰비치와 민병대 사령관 카라지치, 플라디치가 있었다. 이 사건을 계기로 나토(NATO)가 개입하게 되고 데이턴 평화 협정(1995. 12. 14.)으로 전쟁은 끝나게 되었다.

크로아티아 플로트비체

데이튼 협정, 평화를 이끈 사람

　전쟁에서 평화를 이끌어낸 인물은 클린턴 정부의 유럽 담당 차관보였던 '리처드 홀부르크'였다. 그는 힘의 균형에 의한 현실적 정치 접근으로 보스니아 사태를 해결하려는 현실주의자였다. 미국의 이상론자들 입장에서 보스니아를 피로 물들인 세르비아는 대화의 상대가 될 수 없었다. 그는 세르비아 세력이 점령한 영토를 그대로 인정하면서 더이상 분쟁이 일어나지 않도록 하는 데 중점을 두었다. 전황도 유리하게 진행되었다. 세르비아에 밀리던 보스니아 회교 정부에서 크로아티아계의 전과가 올라가기 시작했다. 이때 미국 정부는 2주간의 파상공격으로 세르비아의 전의를 꺾어버렸다. 홀부르크는 미국 오하이오주 데이턴 공군기지에 보스니아 3대 세력 대표를 불러들여 평화협상을 압박했고, 마침내 11월 21일 타결되었다. 협정은 그해 12월 14일 파리의 엘리제 궁에서 강대국이 참석한 가운데 밀로셰비치 세르비아 대통령, 투지만 크로아티아 대통령, 이제트베고비치 보스니아 대통령에 의해 조인되었다.[44]

---

44) 김성진(1997), 앞의 책, pp.276-278.

아드리아해에서 아침 해를 바라보며

　발칸반도는 역사적으로 강대국이 점령하면서 늘 수탈과 탄압의 대상이 되었다. 이 비극의 역사는 몇 가지 교훈을 남겨준다. 민족과 인종이 다른 관계 속에서 잉태한 통합 왕국은 분쟁의 소용돌이에 휘말렸고, 선량한 양민들은 선동자들에 의해 휩쓸려갔다. 권력자들은 영토를 정복하여 늘 국민들을 기만하고 그들의 이데올로기에 따라 본성적 극단주의로 착취와 탄압을 일삼았다. 전쟁을 막으려 하지 않고 권

력을 채우며 자기와 다른 사상과 생각을 가졌다고 제거하려고만 했다. 민족주의에 뿌리를 둔 광신적인 집착이 집단주의로 회오리쳐 수많은 사람을 추방시키고 죽어가게 했다. 아름다운 강산은 황폐화되었고, 인간의 감정에는 씻을 수 없는 상처를 남겼다.

그러나 진정한 정치와 행정은 늘 그들의 가면을 벗겨내었고, 어떻게 평화가 오는지 알려주었다. 정치는 권력투쟁의 수단이 아니다. 실재하는 현실 문제를 해결하고 다가올 위험에 대처하며 분쟁을 예방하도록 하는 것이다. 아침에 아드리아 해에서 바라보는 수평선은 이 민족 간의 갈등과 분쟁이 수면 아래로 가라앉은 듯 평화롭고 고요하였다.

PART 05
헝가리

Hungary

헝가리 대평원

헝가리 기본 정보

인구	971	만 명(2021년)
면적	93,025	km²
수도	부다페스트	
정치체제	의원내각제	
종교	가톨릭, 개신교, 기타	
언어	헝가리어(마자르어)	
통화	포린트(Ft)	
환율	1Ft=3.65원	2023. 2. 25. 기준

헝가리 역사

헝가리인의 조상은 중세 초입, 중앙아시아 서쪽에서 들어온 우랄어 족 핀우고르계 민족인 마자르족(Magyar)이다. 이 명칭은 초창기 일곱 부족 중 가장 세력이 강했던 '메제르(Megyer)' 부족에서 유래했다. 기 원후 원년부터 우랄 산맥을 넘어 서쪽으로 남하하여 남러시아의 스텝 지역으로 이동했고, 5세기가 되어서 서쪽으로 이동하였다. 그리고 4 세기 동안 동쪽의 투르크계 민족들, 그중에서도 오노구르(Onogur)족 (불가르)과 세케이족(커버로크)의 영향을 받았다. 이후 896년경에 오늘 날의 헝가리 영토인 카르파티아 분지 일대로 왔다.

영어 국명에 'Hun'이란 표현이 있어서 훈족의 후예가 아니냐는 설 이 있다. 그러나 'Hungary'란 진짜 어원은 오노구르족이다. 이를 동로마인들이 그리스어 '웅그리(Οὔγγροι)'로 적었고, 다시 서유럽에서 라틴어식 철자 'Ungari'가 되었다가 중세 말엽에 철자 'H'가 첨가되면서 'Hungary', 'Hongrie'처럼 되었다고 본다. 오늘날 헝가리 역사학자들은 마자르족과 훈족의 연관성을 부정한다. 그래도 헝가리의 학교에선 훈족과 또한 아바르족까지 자신들의 역사로 가르치는데 마자르족이 헝가리 땅에 나타나기 오래전부터 훈족과 아바르족이 카르파티아 산맥을 넘어 보헤미아 헝가리 쪽 지역까지 정착했다가 멸망했기 때문이며, 마자르족이 투르크족의 영향으로 투르크화되어 헝가리 왕가의 정통성을 훈족과 연결시켰으며 민족주의적으로 훈족과의 친연성을 강조했기 때문이다.[45]

그러나 헝가리인들의 민족 설화에 그들의 기원을 튀르크계 훈족 (Huns)의 기원과 연계시키고 있다. 그들에게 전해오는 '신비의 사슴' 설화는 다음과 같다.[46]

흑해 주변에 거주하고 있던 부족장에게 후노르(Hunor)와 머고르(Magor)라는 두 아들이 있었다. 어느 날 초원에서 사냥하던 중 신비한 사슴을 발견하고 여러 날 동안 추적하였다. 그러던 중 방어에 적합하고 목축에 알맞은 땅을 발견하게 된다. 두 형제는 페르시아에 인접한 이 지역에 정착하여 살면서, 정착 6년째에는 벨라르족의 부녀자들과 아이들을 약탈하고 또 알란족의 왕 둘란의 두 딸을 납치하여 돌아온다. 두 형제는 이들과 결혼했으며 후노르의 후손은 훈족이 되고, 머고르의 후손은 헝가리인, 즉 머저르인이 되었다.

---

45) 나무위키(https://namu.wiki/)에서 참고함.
46) 이상협(1996), 「헝가리사」, 서울: 대한교과서주식회사, pp.14-15.

헝가리의 국토는 헝가리 평원이라 불리는 광대한 평원을 중심으로 하여, 예부터 다양한 민족이 침입하여 정착하여 왔다. 고대에는 판노니아라 불리고, 판노니아족 등이 거주하였다. 기원전 1세기에는 로마 제국에 점령되어, 속주 일리리쿰에 편입되었다가, 1세기 중엽 속주 판노니아로 분할되었다. 헝가리인이 10세기 말 헝가리 왕국을 수립하여 14세기부터 15세기경에는 주변의 여러 왕국과 연합을 맺고, 오스만 제국의 침입을 받을 때까지는 중앙 유럽의 강국으로 군림하였다. 헝가리는 15세기 후반까지 오스만 제국의 강력한 압력을 받게 되었다.

판노니아는 훗날 헝가리의 영토가 되는 곳으로 4세기 후반에는 훈족이 침입, 서기 433년에 서로마 제국으로부터 판노니아의 지배를 인정받고, 훈족에 의하여 판노니아를 주요 영토(일부는 현재의 불가리아, 루마니아를 포함)로 하는 독립국가가 처음으로 탄생하였다. 헝가리는 896년, 현재의 체코 및 슬로바키아를 중심으로 한 영토를 가지고 있던 모라바 왕국(Great Moravia)을 멸망시키고 판노니아 평원(헝가리 분지)을 차지한 마자르인들과 이들을 이끌고 들어온 아르파드에 의해 건국되었다. 마자르 대공 게저의 아들이었던 이슈트반 1세는 헝가리인 내부의 이교도인 부족장과의 싸움에서 이겨 가톨릭을 국교로 받아들이고 행정 조직을 정비하면서, 신성로마 제국 오토 2세의 후원으로 헝가리 왕국을 건국(1000년)하고 국왕의 지위에 올랐다. 이렇게 해서 헝가리는 중앙 유럽에 위치한 가톨릭 국가의 길을 걷기 시작했다.[47]

---

47) 위키피디아(https://ko.wikipedia.org/wiki/), 헝가리의 역사

13세기 몽골 정복군에 의하여 헝가리의 전역은 유린되고 황폐화되었으나 14~15세기에는 마차시(Mátyás) 대왕의 강력한 지도력 하에 중부 유럽의 강대국으로 성장, 르네상스 문화의 꽃을 피웠다. 이후 귀족 세력의 부상에 따른 왕권 약화로 인해 국력은 쇠퇴하였다. 오스만 세력이 확장하던 1526년, 슐레이만(Suleiman) 휘하의 군대가 헝가리 영토 내로 침입하여 모하치 전투에서 헝가리 왕(Lasjos II)이 전사하고, 헝가리군이 대패하였다. 1541년 이후 오스만군은 당시 헝가리의 수도 '부다'를 점령하여 국토의 대부분이 오스만의 지배 하에 들어가고, 서부 일부는 오스트리아의 합스부르크에 귀속되었으며, 17세기 말에는 전 헝가리가 합스부르크가의 영향 하에 들어갔다.

19세기 초 민족의식이 고조되어 1848년에는 러요시 코슈트(Lajos Kossuth)를 중심으로 국민군을 조직, 합스부르크가에 대해 무력 항쟁을 전개하였으나 지도부의 내분과 러시아의 오스트리아 지원으로 실패한다. 1866년 오스트리아는 프러시아와의 전쟁에서 패한 뒤 헝가리인의 저항운동이 가열될 것을 우려, 유화 정책을 시도하여 1867년 오스트리아와 헝가리 간 화해 협정을 체결한다. 이로써 헝가리는 외견상 독립을 회복한 듯하였으나 오스트리아 황제를 헝가리 왕으로 섬기는 2중 군주국(Dual Monarchy)으로 바뀌었으며 이러한 이중 군주국의 형태는 1918년 합스부르크 왕조가 해체될 때까지 지속된다.

헝가리는 제1차 세계대전이 발발하자 오스트리아-헝가리 이중제국의 일원으로 참전하였고, 1918년 11월 오스트리아-헝가리 제국이 해체되고 공화국을 선포한다. 제1차 세계대전 종전 후 1920년 6월 4일 트리아논(Trianon) 조약에 따라 헝가리는 국토의 71%, 인구의 60%를 인접국에 양도하게 되어 유럽의 약소국으로 전락한다. 이에 따라 실지 회복을 최대의 외교 목표로 삼게 되고, 제2차 세계대전 시 추축국에 가담하는 계기가 된다. 1941년 6월 독일의 소련 침공과 함께 제2차 세계대전에 참전하였으나 헝가리의 반나치 감정 및 전선 이탈 동요 등을 우려한 독일이 1944년 3월 헝가리를 완전히 점령함에 따라 추축국의 일원으로 헝가리는 1945년 5월 패전까지 전쟁에 참여하게 된다.

제2차 세계대전 종전 이후 왕제가 폐지되고, 헝가리는 파리조약 (1947년)에 따라 1938년 1월 당시 국경으로 돌아가게 된다. 이후 소련 주둔군의 지원으로 공산당은 1949년 5월 총선에서 승리하여 공산정 권이 들어서게 된다. 스탈린(Stalin) 사후 스탈린식 강압주의를 지향하는 라코시(Rákosi)파와 온건 노선을 주장하는 너지(Nagy)파 간의 암투가 격화되어 국내 경제 파탄을 초래한다. 1956년 10월 23일, 부다페 스트에서 대학생, 노동자 등이 주도하는 대규모 민중 폭동이 발생하고 이 '헝가리 봉기'는 점차 반공·반소화되었다. 정부도 바르샤바조약 기구 탈퇴 및 중립을 선언하였으나 즉각 소련군이 무력 개입하여 새로운 정부가 등장한다. 카다르(Kádár) 정부는 바르샤바 조약기구에 계속 잔류하고, 소련과의 긴밀한 관계를 유지하면서 당의 신뢰회복을 위해 개방정책을 취하는 동시에 1968년에는 경제개혁 정책을 시도한다.

1980년대 후반 고르바초프의 페레스트로이카 정책에 힘입어 헝가리 사회노동당(공산당) 내에서 개혁파가 세력을 확대하고, 1989년 10월 공산주의 일당 독재 폐지 및 헝가리 사회당으로의 당명 변경 등 개혁조치를 통하여 서구식 사회 민주주의를 지향하고 40년 공산당 일당 독재체제를 마감하게 된다.[48]

현재 헝가리 인구는 971만 명으로, 수도 부다페스트에는 전체 인구의 18%가 살고 있고 국내총생산의 39%를 담당한다. 부다 지구의 언덕과 페스트 지구의 평원 지역 사이에 흐르는 도나우 강은 300~600m로 수심이 깊다. 헝가리는 의회민주주의 국가이며, 대통령은 명예직 국가원수이다. 정부의 행정권은 총리가 행사한다. 의회는 2011년 새로운 선거법에 따라 기존 386석에서 199석으로 축소하여 구성되었다. 199석은 지역구 소선구제를 통해 선출된 106명과 비례대표 93명으로 구성된다. 임기는 4년이며 정당은 득표율이 5%가 되어야 비례대표 의석을 차지할 수 있다. 대통령은 의회의 3분의 2 이상으로 선출되며 임기는 5년이다. 대통령은 의회의 법안에 서명해야 하고 법안 연기나 재의 같은 제한적인 권한을 갖는다. 총리는 의회의 과반수 찬성으로 선출되고, 의회는 총리 아래의 정부를 승인한다.[49]

48) 네이버 지식백과(https://terms.naver.com/), 헝가리의 역사(헝가리 개황, 2019. 6.)
49) 브라이언 맥린·케스터 에디(2019), 「헝가리」, 박수철 역, 서울: 시그마북스, pp.36-51.

부다페스트

부다 왕궁   세체니 다리

사진 출처: https://pxhere.com

헝가리의 수도 부다페스트는 그 이름에서 다뉴브강을 따라 예술적
향기가 묻어나온다. 중세의 멋이 흐르고 강을 따라 유람선이 미끄러
져 가면 평화롭고 아름답다. 다뉴브강을 중심으로 부다 지구와 페스

트 지구로 나누어지는데, 부다 지구는 13세기 이후로 헝가리 왕들이 거주하면서 왕궁과 교회 등 역사적 유물이 많은 곳이다. 강 건너편의 페스트 지구는 중세 시대부터 상공업과 예술이 발전했다. 두 지구는 서로 다른 지역이었으나 이슈트반 세체니의 아이디어로 두 지구를 연결하는 다리가 1839년부터 1849년까지 10년간에 걸쳐 건설되었다.

부다 지구는 왕궁과 귀족들이 머물렀던 화려한 바로크 양식의 건축물이 고풍스럽다. 부다 왕궁은 높이 60m, 길이 1.5km로 다뉴브강과 부다페스트 경관을 조망할 수 있다. 마차시 교회는 13세기에 시작되어 15세기에 준공된 고딕 양식으로 헝가리 왕의 대관식이 행해졌던 곳이다. 페스트 지구에는 다양한 미술관과 박물관, 공연장이 자리 잡고 있다. 300여 개의 크고 작은 관현악단이 일 년 내내 공연하는 클래식의 고향으로 오스트리아 빈 다음으로 인정받는 곳이다. 피아노 천재 리스트 프란츠는 헝가리 음악의 대표라 할 수 있으며, 말년에 부다페스트에 음악학교를 세우고 후진 양성에 힘썼다고 한다. 그가 머물던 집은 현재 박물관으로 개조되어 그의 악기와 가구, 초상화를 전시하고 있다.

부다 왕궁(Buda Castle)

　오늘날 부다 성채를 세운 것은 타타르족의 침공 후 13세기 헝가리 왕에 의해서였고, 그의 뒤를 이은 왕이 영구적인 왕실 궁정으로 사용하려고 멋진 고딕 양식의 궁전을 건설하며 부다는 중세 헝가리의 수도가 되었다.

　마차시 왕이 이탈리아 르네상스풍 왕궁으로 탈바꿈시키면서 부다 성은 유럽 최고의 과학자와 예술가들이 모이는 지식인의 중심지가 되었다. 마차시 1세 왕의 유명한 도서관 코르비누스 문고(Bibliotheca Corvina)는 동시대 피렌체의 베키오 궁(Palazzo Vecchio) 건설에서 영향을 받았을 것으로 보고 있다.

다뉴브 강에서 바라본 부다 왕궁

16세기 오스만의 침입으로 궁전은 쇠퇴하여 가다가 1686년 부다 성을 재탈환하면서 고딕 및 르네상스풍의 단지 거의 전체가 파괴되었다. 파괴를 일으킨 직접적 원인은 마지막에 건물이 화재에 휩싸였기 때문이었다. 이후에 이어진 합스부르크 왕가는 이 궁전을 결코 처소나 집무실로 사용하지 않으려고 했다. 다만 마리아 테레지아는 당시 너지 솜버트 대학(University of Nagyszombat)이 들어올 새로운 공관을 건설했다. 건물의 중심축을 이루는 독특한 직사각형 탑에 이 시기의 애칭과 회화가 새겨졌으나 끝내 무너졌다.

오늘날의 부다 성 단지는 프란츠 요제프 1세 치세이던 1904년에 완공되었다. 그러나 그는 아내인 엘리자베스 황후[헝가리 사람들이 씨씨(Sissi)라고 즐겨 부름]와 함께 이곳에 자주 방문했다. 다뉴브강의 압도적인 파노라마가 내려다보이는 화려한 장식의 304m 홀은 유럽에서 최대 규모에 속한다. 아름다운 네오 바로크 궁전은 제2차 세계대전 당시 상당한 피해를 입었다. 전후 공산주의 시대에 보수 작업은 1980년대에 비로소 마무리되면서 궁전의 외관과 인테리어를 한층 더 깔끔하게 갖추게 되었다. 1987년 이후 유네스코 세계유산으로 지정된 부다 성 지구에는 현재 헝가리 국립 미술관(Hungarian National Gallery), 부다페스트 역사 박물관(Budapest History Museum), 국립 세체니 도서관(National Széchényi Library)이 있으며, 다양한 문화 행사와 미식 행사도 펼쳐진다. 입장료를 내고 돔 안에 들어가면 그 아래로 도시의 아름다운 파노라마를 볼 수 있다. 캐슬 힐 밑의 지하에는 터널과 동굴이 복잡하게 얽혀있으며, 대중에게는 특정 구역만 공개되어 있다. 현재 국

책 허우스먼 프로그램(National Hauszmann Programme)이라는 대규모 복원 프로젝트에서 제2차 세계대전 도중과 이후에 부서진 부다 성과 주변의 역사 지역 및 보물을 전면적으로 복원하고 있다.[50]

사진, 헝가리 관광청 https://visithungary.com/

사진, 헝가리 관광청 https://visithungary.com/

50) 헝가리 관광청(https://visithungary.com/)에서 참고함.

사진, 헝가리 관광청 https://visithungary.com/

사진, 헝가리 관광청 https://visithungary.com/

부다 왕궁의 다양한 모습

어부의 요새(Fisherman's Bastion)

과거에 이곳에서 어부들이 도시를 방어했던 곳으로, 이것을 기념하기 위해 만들었다고 한다. 마치 성처럼 되어있는 요새의 상층부에는 7개의 첨탑이 솟아있는데, 이것은 헝가리의 선조 격인 마자르 7부족을 상징한다고 한다. 이곳에서 내려다보면 아름답고 푸른 도나우강이 보인다. 다뉴브강이라고도 부르는 이 강은 독일에서 오스트리아, 체코, 헝가리를 통과한다고 한다.

어부의 요새(Fisherman's Bastion)는 부다페스트 1지구인 부다 성 지구에 위치하며 1987년에 유네스코 세계유산으로 지정되었다. 140m 길이의 파사드를 따라 아름다운 전망을 감상하며 국회의사당을 배경으로 사진을 찍을 수 있다. 본래 방어 목적으로 부다 성(Buda Castle) 장벽의 일부로 지어졌고, 요새 밑 어부의 마을을 따서 이름을 붙였는데, 필요할 때는 마을에 사는 어부들이 탑을 방어했다.

어부의 요새 성채

성 이슈트반 동상

다뉴브 강을 바라보게 만든 성채 벽

어부의 요새 첨탑

7개의 첨탑이 솟아있다.

　1899년에 건축가 프리게스 슐레크(Schulek Frigyes)의 도면에 기초하여 보수 작업을 시작했고, 1905년 10월 9일에 대중에게 개방했다. 보수 작업 중 현장에서 중요한 고고학 유물인 고딕과 르네상스 양식의 묘비, 도미니코회의 제단도 발굴되었다. 3개의 계단, 남쪽과 북쪽의 보루, 회랑, 남쪽 보루 마당 등이 하나의 구조물을 이루도록 하는 것이 슐레크의 생각이었다. 그는 기존에 전신 보루로 사용하던 건물을 북쪽 탑으로 지정하고 남쪽 탑은 직접 건설했다. 마당에는 헝가리의 초대 왕인 성 이슈트반이 말을 탄 모습의 동상이 있다. 하부에는 이슈트반 왕의 대관식을 비롯하여 그의 치세 동안 위대한 순간을 기념하는 부조로 장식하였다. 돌탑은 현재의 헝가리에 정착할 때 마자르족을 이끌었던 일곱 부족의 족장들을 상징한다. 제2차 세계대전 후 어부의 요새를 다시 한번 보수해야 했는데, 이번에는 프리게스 슐레크의 아들인 야노시 슐레크(Schulek János)가 보수 작업을 이끌었고 2003년에 완성되었다.

마차시 성당(Mátyás templom)

마차시 성당, 지붕 타일의 채색이 독특하다.

마차시 성당 정식 이름은 성모 마리아 대성당이지만, 이곳의 남쪽 탑에 마차시 1세(1458~1490) 왕가의 문장과 그의 머리카락이 보관되어 있기 때문에 마차시 성당으로 불리게 되었다. 기독교의 전례에 따라 13세기 중엽 건축된 것이다. 부다 성내에 건축되어 역대 국왕의 결혼식과 대관식의 장소로 이용되었다. 현존하는 건물은 14세기 후반에 화려한 후기 고딕 양식으로 건조된 것으로, 1479년에 마차시 1세에 의해 재개축되어 높이 80m의 첨탑이 증축되었고, 19세기 후반에 광범위하게 수복된 것이다. 700년이라는 교회의 역사 중, 이 성당은 부다의 풍요로움(혹은 헝가리인에 있어서 의지처)이었고, 따라서 종종 비극적 역사의 상징을 지니게 되었다. 합스부르크 왕가의 최후의 황제 칼 1세를 포함하여, 거의 모든 역대 헝가리 국왕의 대관식이 이곳에서 행해졌을 뿐만 아니라, 마차시 1세의 2번의 결혼식도 이곳 성당에서 행해졌다. 구부다 지구에서 두 번째로 큰 성당이다.[51]

1541년 오스만 제국이 부다를 점령하고 이 성당을 자신들의 신앙을 바치는 건물인 모스크로 바꾸었다. 당시 기록을 보면 그랜드 모스크(Büyük Cami)라고 불렀다. 1686년 부다를 탈환하고 모스크는 다시 가톨릭 성당으로 바뀌고, 당시에 인기를 끌던 바로크 양식을 가미했다. 1867년에는 프란츠 요제프 1세와 부인 엘리자베스 황후의 대관식이 이곳에서 열렸고, 1916년에는 헝가리의 마지막 왕인 샤를레 4세와 부인 치타(Zita) 공주의 대관식이 열렸다. 두 대관식은 고작 50년 정도 차이가 나지만, 그 사이에 성당 외관은 급격하게 변했다. 파리 노트르담 성당의 변화와 비슷한 이야기다. 성당의 재건을 맡은 헝가리의 저명한 건축가 프리게스 슐레크(Schulek Frigyes)는 건물의 '이상적인' 양식을 초기 고딕이라고 생각하였고, 그렇게 해서 오늘날 보이는 대로 아름다운 고딕 부흥 양식의 마차시 성당이 탄생했다. 내부의 화려한 장식 채색은 보수 중에 발견된 원래 건물의 중세 패턴에서 영감을 받은 것이고, 특별히 빛나는 지붕 타일은 유명한 졸너이 공장(Zsolnay Factory)에서 만든 것이다. 제2차 세계대전을 거치면서 지붕은 불에 타고 많은 아치가 붕괴하며 건물의 상태가 더 악화되었고, 복원과 수리 작업은 1970년대에야 마무리되었다.[52]

성당 전면에는 성당을 지을 때 겪었던 일을 짐작하게 하는 그림이 생생하게 그려져 있다.

---

51) 위키백과(https://ko.wikipedia.org/wiki)
52) 헝가리 관광청(https://visithungary.com/)에서 참고함.

마차시 성당

스테인드글라스

성당 내부 성단 전면에 있는 그림

마차시 1세

마차시 1세는 다뉴브 강 유역의 제민족을 통합하여 다뉴브 제국을 건설하고자 했던 인물이다. 군사적인 능력과 통치 능력, 외교 수완을 구비했고, 예술 방면에도 조예가 있었다. 15세의 나이에 왕으로 옹립되어 외삼촌과 외가의 영향을 받았으나 곧 떨쳐버리고 귀족 세력에 대해 왕권의 절대적 우위를 성취할 수 있었다. 그는 강력한 왕권으로 고위 관료를 귀족뿐만 아니라 중간 및 하층 귀족, 도시민, 농민층에서 발탁하여 전문적인 관료 계층을 만들었다.

고위 귀족에 의해 주도된 재정을 개혁하여 왕의 휘하에 가져오고 조세제도를 재정비하여 신분 계층에 차별 없는 과세로 왕권 행사의 경제적 토대를 만들었다. 귀족들의 사적 군사력에서 탈피하는 군사조직을 만들었다. 오스만 제국의 유럽 진출에 대응하여 평화 조약을 맺으면서 다뉴브 강 제민족을 통합하며 헝가리 왕국의 영토를 모라비아, 슐레지아 지역으로 확장하였고 1485년에는 빈을 점령했다.

그러나 이러한 다뉴브 제국에 대한 시도는 오스만 제국과의 전쟁을 뒷전으로 하고 보헤미아를 차지하려는 전쟁으로 치부되어 어린 시절 스승을 중심으로 한 내부 반란에 부딪히기도 하였다. 마차시 1세의 재위 기간에 문화와 예술이 성장하고 대학과 도서관이 설립되었으며, 부다 지역은 왕궁의 소재지로 인구가 증가하고 부유한 도시로 발전했다. 그는 지금도 헝가리인들에게 '정의의 마차시 1세'로 불리고 있다.

헝가리와 오스만 제국의 전쟁

오스만 제국이 유럽으로 진출하는 위치에 있는 헝가리는 피할 수 없는 충돌을 가져왔다. 헝가리 왕 러요시 2세는 1520~1526년 기간에 봉건 귀족적 통치와 합스부르크의 종교개혁과 맞물려 오스만 제국을 막아내기 어려웠다. 오스만은 1521년 베오그라드를 접수하고 도나우강 북부를 점령하였고, 1526년 모하치 전투에서 러요시 2세를 제압하고 헝가리를 휘하에 넣었다.

1526년 8월 29일 저녁, 모하치 벌판에서 벌어진 오스만 제국과 헝가리 왕국 간의 싸움은 2시간도 되지 않아 끝났다. 헝가리 왕국의 주요 인사 절반, 싸움에 참여한 주교들과 대주교 7명이 사망했다. 헝가리 왕국과 보헤미아 왕국의 어린 왕 러요시 2세는 싸움에서 패배하고 후퇴하다가 목숨을 잃었다. 합스부르크 가문에게는 러요시가 사망함으로써 헝가리 왕국과 보헤미아 왕국을 차지할 길이 열린 것이다.

헝가리가 오스만에 점령당하자 1527년 합스부르크 페르티난트는 오스만의 통치하던(존 자폴리아, 1526~1541) 헝가리를 공격하여 카를 5세의 지원을 받아 1528년 점령한다. 그러자 오스만의 슐레이만은 1529년 헝가리 영토를 다시 탈환하고 오스트리아 빈까지 포위하게 된다. 그러나 빈을 점령하지는 못한다. 1529년 5월 오스트리아 빈을 공격할 때 신성로마 제국 황제 카를 5세는 프랑스와 전쟁 중이었다. 따라서 동생 페르디난트를 지원할 처지가 안 되었다. 오스만군 병력은 이스탄불에서 빈까지 4개월간 행군하여 9월에 도착했을 때는 페르티난트는 빈을 탈출한 상태였고, 빈을 3주간 포위했지만 물자를 보급받지 못하게 되자 철수할 수밖에 없었다.

1532년 슐레이만의 제2차 오스트리아 원정에서 합스부르크 페르티난트로부터 중부 헝가리 영유권을 가져오고, 1541년에 자폴리아 왕자를 보호한다는 구실로 헝가리를 병합한다. 슐레이만의 유럽 원정은 합스부르크-헝가리-사파비 동맹에 대한 오스만 제국의 견제로 시작된 것이었다. 투르크인들은 헝가리 왕국을 점령하고 그 지역에 머물겠다는 의미로 수비대를 주둔시켰다. 그리고 그 뜻을 강조하기 위해 이름 높은 이슬람 수도승들의 시신을 예배당으로 옮겼다. 수도인 부다는 투르크 총독의 부임지가 되었고 부다 제1 교회인 마차시 성당의 첨탑은 이슬람 사원 양식으로 바뀌었다. 이후 투르크인들은 140년 이상 헝가리 중앙부에 있었다.

세체니 다리(헝가리어: Széchenyi Lánchíd)

　헝가리의 수도 부다페스트의 서쪽 지구 부다와 동쪽 지구 페스트 사이에 있는 현수교이다. 이 다리는 부다페스트의 다뉴브강을 가로질러 놓인 최초의 다리이며, 1849년에 개통되었다. 이 다리는 헝가리인의 존경을 받고 있는 세체니 이슈트반 백작에 의해 놓이게 되었는데 아버지의 장례식에 참석하려다가 기상이 나빠 배를 띄울 수 없어 참석하지 못했던 '가장 위대한 헝가리인'이라 불리는 이슈트반 세체니(Széchenyi István) 백작이 다뉴브강에 다리를 놓겠다는 결심을 했다는 일화가 전해져 온다. 이 체인 다리는 부다페스트에서 가장 아름다우면서도 유명한 랜드마크 중 하나다. 체인 다리라고도 불리는 이 다리의 아이디어를 생각해낸 사람의 정치적, 문화적, 경제적 업적으로 19세기 들어서면서 활용성이 커졌다.

다뉴브강 야경. 좌측에 국회의사당과 우측 멀리 부다 왕궁을 세체니 다리가 잇고 있다.

사자 혀의 전설

　다리와 관련한 가장 유명한 전설은 두 개의 교대에 자리한 거대한 사자 상에 대한 것이다. '조각가 야노시 마르샬코가 오랜 기간 동안 사자의 혀를 조각하는 것을 잊었으며, 그 사실을 알게 된 후 부끄러움에 목숨을 끊었다.'라는 소문이 돌았다. 그러나 이 소문은 그저 낭설에 불과하다. 사자 상에는 혀가 조각되어 있으며, 조각된 사자 상의 입을 들여다보면 직접 확인할 수도 있다.

사진, 헝가리 관광청 https://visithungary.com/

사진, 헝가리 관광청 https://visithungary.com/

세체니 다리와 다리 입구의 사자 상

세체니 다리 일화

1820년 12월 부친의 작고 소식을 들은 백작은 데브레첸(Debrecen)에서 비엔나(Vienna)로 급히 달려왔지만, 악천후로 인해 며칠이 지난 후에야 다뉴브 강을 건널 수 있었다. 아마도 세체니의 머릿속에 다뉴브 강에 영구적 다리의 건설에 대한 아이디어가 떠오른 것은 이때였을 것이다. 영구적 다리의 건설은 국가의 동부와 북부 사이의 중단 없는 교통을 의미하는 것이기도 했다.

19세기의 뛰어난 건축물인 이 체인 다리는 오랜 기간 동안 부다페스트의 다뉴브강을 가로지르는 유일한 영구적 다리였고 설계는 윌리엄 티어니 클라크(William Tierney Clark)가, 건설은 아담 클라크(Clark Adam)가 맡았다. 그리고 대부분의 자금은 은행가 죄르지 시나(Sina György)가 조달했다. 이 다리는 1839년부터 1849년까지 지어졌으며, 교대에는 조각가 야노시 마르샬코(Marschalkó János)의 작품인 상징적인 돌사자 상 4개가 있다.

헝가리에 대한 모든 홍보물에 항상 포함되는 필수적인 랜드마크인 세체니 다리는 매우 비극적이고 괴로운 역사적 배경을 가지고 있다. 완공을 1년 앞둔 1848년, 도르래의 서스펜션 체인이 끊겨 작업 플랫폼이 무너졌으며 그 위에 있던 사람들이 함께 떨어졌다. 그중에는 이슈트반 세체니도 있었다. 대부분은 해변까지 헤엄을 쳤지만 불행히도 한 작업자가 목숨을 잃었으며 공사가 잠시 중단되었다.

1848년 시작된 합스부르크 제국의 혁명 중에는 양측이 번갈아 적군을 저지하기 위한 폭파 시도를 감행했으며, 따라서 다리 건설 계획이 온통 엉망이 되었다. 결과적으로 1849년 완공된 이 다리의 개통식은 매우 굴욕적인 행사의 일환이 되었다. 이 '축제'는 오스트리아 장군 하이나우(Haynau)에 의해 진행됐으며, 그로부터 겨우 6주 전에 하이나우의 지휘 하에 12명의 헝가리 장군들이 처형됐다. 이들은 이후 역사서에 '아라드 순교자(Arad Martyrs)'라고 기록되었다.

따라서 다리 개통식은 결코 축하하는 분위기에서 이루어지지 못했으며, 참석한 사람조차도 몇 명 없었다. 다리 건설 계획의 입안자인 이슈트반 세체니도 역시 불참했다. 사실 그는 이 다리를 한 번도 건너지 못했다. 당시 정신병원에서 치료를 받았으며 결국 스스로 생을 마감했다. 제2차 세계대전 때인 1945년 독일군이 후퇴하며 다리를 폭파했다. 재건된 다리는 최초 개통 후 100년이 지난 1949년에 개방되었다.

국회의사당

이 인상적인 건물은 1885년에서 1902까지 총 17년간 지어졌으며, 임레 쉬테인들(Steindl Imre)의 설계를 기반으로 했다. 아쉽게도 디자이너 본인은 완공 5주 전에 사망해 준공식을 직접 보지 못했다.

이 국회의사당 건설 프로젝트의 핵심 규정에는 헝가리의 원자재만 사용할 수 있으며, 장식에 사용되는 카르파티아 분지의 토착 식물에 이르기까지 모두 헝가리 장인 및 제조업체가 참여해야 한다는 점이 포함되어 있다. 이러한 조건은 모두 충족되었으며 해외에서 수입된 거대한 화강암 기둥만이 예외다. (흥미로운 점: 이 기둥은 총 12개만 생산됐다. 그중 8개는 헝가리의 국회의사당에, 나머지 4개는 영국에 있다).

다뉴브강에서 본 헝가리 국회의사당

국회의사당과 부다왕궁 야경

일부 놀라운 수치도 발견할 수 있다. 약 4천만 개의 벽돌이 사용됐으며, 40kg에 해당하는 22~23캐럿의 금이 국회의사당을 장식하는 데 사용됐다. 건물의 바닥 면적은 18,000㎡며 90개의 석상이 정면을 향하고 있다. 내부에는 약 162개의 조각상이 더 있다. 내부에 깔린 레드카펫의 길이는 3km에 달한다. 총 27개의 문을 통해 입장할 수도 있으며, 다양한 크기로 제작된 365개의 탑이 헝가리 국회의사당에 솟아 있다.

이 건물의 양식과 규모를 살펴보면 바닥은 바로크 양식, 정면의 파사드는 고딕 양식이며, 천장에서는 르네상스 양식의 특징을 발견할 수 있다. 다뉴브강과 평행한 양 날개의 길이는 총 268m이며 가장 넓은 부분의 폭은 123m이다. 큐폴라 탑의 높이는 96m이다.

국회의사당의 모든 부분이 세심한 계획에 따라 건축됐으며, 설계 역시 모든 부분이 의도적으로 짜여져 각부는 중요한 정치적, 역사적 메시지를 담고 있다. 눈에 띄는 중앙의 국회의사당 큐폴라는 입법부의 단결을 의미하는 동시에 원래 양원제 시스템이었던 헝가리 국회의 상원과 하원이 공동 착석하는 장소이기도 했다. 큐폴라 양쪽에 늘어선 상원의 방과 하원의 방은 정확히 똑같은 디자인인데, 이는 상징적인 장치로 양원의 권리가 동등하다는 것을 의미한다.

겔레르트 언덕(Gellért-hegy)

부다 왕궁 남쪽, 해발 235m의 언덕에 다뉴브강의 경치를 볼 수 있는 곳이 겔레르트 언덕이다. 헝가리에 기독교를 전파하려다 이 언덕에서 순교한 이탈리아 선교사 성 겔레르트(Szent Gellért)의 이름에서 유래했다고 한다. 중턱에 그의 동상이 세워져 있다. 겔레르트르 정상에 올라가면 부다페스트의 부다 왕궁과 세체니 다리 그리고 성 이슈트반 성당, 국회의사당까지 부다페스트의 전경을 한눈에 볼 수 있다. 하늘과 강 그리고 모든 건물이 함께 이뤄내는 부다페스트 자체를 느낄 수 있도록 해준다.

관광객들이 겔레르트 언덕 전망대에서 부다페스트 전경을 바라보고 있다.

다뉴브강을 따라 이어진 도시와 궁전 같은 건축물들이 그 옛날의 영광과 희생을 바라만 보아도 알 수 있을 것 같다. 언덕의 정상에 오르면 월계수를 들고 있는 거대한 자유의 여신상 동상이 있다. 제2차 세계대전 중 승리를 기념하기 위해 세워졌다고 한다. 자유의 여신상 뒤에 성벽으로 이루어진 시타델라는 합스부르크 제국 당시 1854년 건설된 것으로, 헝가리의 독립운동을 감시하기 위해 세워졌다고 한다. 독일군이 점령 당시에는 전쟁의 요새, 전범 수용소로 사용되기도 했다고 한다.

월계수를 들고 있는 자유의 여신상   성벽에 총탄 흔적이 남아있다.

모하치 전투와 헝가리 왕국의 붕괴

1516년 즉위한 러요시 2세는 미성년으로, 합스부르크 왕가의 공주와 결혼하여 헝가리 추기경과 합스부르크 제국의 후작에 의한 섭정에 왕권은 침해받고 있었다. 헝가리 왕국 내부는 귀족들 간의 세력 다툼으로 통일성을 가진 힘을 모을 수 없었다. 그런 데다가 최강의 오스만 군대의 침공을 방어할 국경선에 조달할 비용을 감당해 낼 여력이 없었다.

한편, 오스만 제국의 슐레이만 2세는 1520년 즉위하여 1521년 헝가리 남부를 침공하고, 1526년 여름 10만의 군사를 이끌고 다시 헝가리를 침공했다. 이에 헝가리 러요시 2세는 병력 2만 5천 명을 모아 남부 평원지대 모하치(Mohács)에서 대기하고 있었다. 당시 헝가리는 귀족 간의 분열로 군사력을 다 모을 수 없었으며, 거대 귀족 세력인 서포여이의 군사 1만 명을 기다리다가 급박한 전시 상황으로 헝가리군이 오스만 군대를 공격하기에 이르렀다.

1526년 8월 29일 벌어진 모하치 전투는 헝가리군의 수적 열세와 화력의 격차로 단 2시간 만에 헝가리의 완전한 패배로 끝났다. 러요시 2세는 패하여 탈출하다가 불어난 물에 익사했고, 참전했던 헝가리의 모든 고위 관리, 성직자, 일반 귀족, 체코 출신의 용병과 크로아티아 농부들이 전사했다.

오스만 군대는 10여만 명의 헝가리인을 생포하고 엄청난 양의 재물을 약탈하여 9월에 철수하였지만, 헝가리는 모하치 전투 패전으로 150여 년간의 독립왕국이 무너지고 중동부 유럽을 방어하던 전선을 내주게 되었다. 이로써 유럽으로 이슬람 제국이 들어오는 길이 열리게 되었다.

당시의 모든 헝가리인은 모하치 전투에서 오스만군에 대패한 사건을 두고 귀족들의 세력 다툼과 이에 따른 무정부 상태, 사회적 불평등의 심화 그리고 도덕적인 타락상에 의한 신의 벌이라고 간주했다.[51]

---

53) 이상협(1996), 앞의 책, pp.89-94.

영웅 광장(Heroes' Square)

영웅 광장

    기념물은 두 개의 반원 기둥과 중앙의 여러 조각으로 구성된다. 현재 이 기둥의 동상은 원래 동상과 완전히 똑같지는 않다. 어떤 것들은 시간이 지나면서 역사적인 이유 때문에 교체하기도 했다. 중앙의 높이 36m 기둥에 대천사 가브리엘 동상이 서있고, 그는 왼손에 이중 십자가를, 오른손에 성스러운 왕관을 들고 있다. 전설에 의하면 헝가리의 초대 왕 이슈트반의 꿈속에 대천사가 나타나 기독교로 개종하고 왕이 되라고 지시했다고 한다. 이 작품은 헝가리 국민들에게도 인기가 대단하지만, 1900년 파리 세계박람회에서 그랑프리상을 수상하기도 했다.

원래 19세기 후반부에는 헝가리의 유명한 건축가 미클로스 이블(Ybl Miklós)이 설계한 장식 분수가 안드라시 거리 끝 영웅 광장에 서있다. 이 글로리에트 샘(Gloriett Well)은 세체니 언덕(Széchenyi Hill)으로 옮겨진 이후 현재 전망대 역할을 하고 있다. 이 자리를 대신할 인상적인 기념물이 설계되었기 때문이다. 바로 896년 헝가리 정복 1,000년을 기념하는 밀레니엄 기념비(Millennium Monument)다. 당시 샨도르 베케를레(Wekerle Sándor) 총리가 건축가 알베르트 쉬케던즈(Schickedanz Albert)와 조각가 죄르지 절러(Zala György)에게 기념물 설계를 의뢰하였다.

가브리엘 기둥 하단을 감싸고 있는 것은 아르파드 대공이 이끄는 헝가리 일곱 부족의 족장들이 말을 탄 모습의 동상이다. 각 콜로네이드에는 현대 헝가리 형성에 적극적인 역할을 담당했던 역사적 인물들을 2.8m 높이의 동상으로 표현했다. 각 동상에는 그 인물의 시대나 활동의 전형적인 장면을 관련 부조로 묘사해 놓았다.

다양한 모습의 영웅들을 동상으로 생생하게 묘사하고 있다.

좌측 동상

좌측 콜로네이드의 동상과 부조는 다음과 같다(동상 인물- 부조 제목)

- 헝가리의 이슈트반 1세- 1000년 크리스마스 날 교황에게 왕관을 받는 이슈트반
- 헝가리의 성 라슬로 1세- 쿠만족 납치범을 죽이는 라디슬라우스
- 헝가리의 콜로만- 마녀의 화형을 금지하는 콜로만 왕
- 헝가리의 언드라시 2세- 예루살렘 해방을 위해 십자군을 이끄 는 언드라시 2세
- 헝가리의 벨라 4세- 타타르 족의 침공 후 나라를 재건하는 벨라 4세 왕
- 헝가리의 샤를레 1세- 마르히펠트 전투

우측 동상

우측 기둥의 동상과 부조(동상 인물- 부조 제목)

- 야노시 후녀디(Hunyadi János) 총독 겸 장군- 베오그라드 포위전
  에서 투르크군을 저지
- 마차시 코르비누스(Matthias Corvinus)-마차슈 왕과 학자들
- 이슈트반 보츠카이(Bocskai István) 트란실바니아 왕자- 합스부르
  크군을 무찌르는 군인들
- 가브리엘 베틀렌(Bethlen Gábor) 트란실바니아 왕자- 1620년 보
  헤미아 조약에 서명
- 에메리츠 퇴쾨이(Thököly Imre) 쿠루츠 장군 겸 트란실바니아 왕
  자- 1679년 시츠조 전투에서 오스트리아군을 무찌르는 퇴쾨이
  의 쿠루츠군

- 페렌츠 라코치 2세(II Rákóczi Ferenc) 트란실바니아 왕자- 폴란드
  에서 돌아오는 라코치 왕자를 환영하는 소작농 군대
- 러요시 코슈트(Kossuth Lajos) 총독- 대평원의 소작농을 규합하
  는 코슈트

반원 기둥의 상단에 보이는 것은 전쟁과 평화의 전차, 노동과 부 그
리고 지식과 영광을 비유하는 동상이다. 영웅 기념석이 나중에 제1차
세계대전의 영웅들을 기념하는 견고한 석판과 함께 여기 놓였다. 영
웅 광장에 대한 흥미로운 사실이 있다. 우선 영웅 광장에서 왕들의 동
상은 각기 다른 예술가의 작품이다. 그리고 제2차 세계대전 후 정치적
이유로 마지막 5개 동상을 교체해야 했다. 또한 중국에 영웅 광장의
모조품이 만들어졌다. 영웅 광장은 부다페스트에서 가장 큰 광장이기
때문에 문화적, 종교적, 정치적 행사장으로 자주 선정된다. 오늘날과
같은 완전한 영광을 보여주기 위하여 2001년에 광장을 전면적으로
수리했다.

안익태 선생과 코다이 졸탄(ZOLTÁN KODÁLY)

애국가를 작곡한 안익태 선생 흉상

애국가의 작곡자인 안익태 선생의 흉상이 부다페스트 시민 공원에 있다. 그는 헝가리 리스트음악예술대학에서 헝가리 민요의 아버지 '코다이 졸탄(Zoltan)'에게 사사한 것으로 알려져 있고, 헝가리에 있을 때 애국가의 모태가 되는 「한국환상곡」을 초연하였다. 그의 흉상은 한국-헝가리 수교 20주년을 기념해서 열린 서울의 날 행사로 제막되었다고 한다.

코다이 졸탄은 오랫동안 게르만 지배에 물들어 있던 헝가리의 민족음악 요소를 찾아 음악 동료 바르톡과 함께 민요를 발굴 조사하여 모든 사람이 즐겨 부를 수 있는 민요 체계를 완성하였고, 코다이 교수법을 이용하여 국민 음악교육에 힘써 오늘의 헝가리를 세계적인 음악 국가로 설 수 있도록 힘썼다. 코다이 음악교수법은 민요를 강조하고 이를 이용한 합창 교육으로 음악을 읽고 쓰고 이해할 수 있도록 하여 음악적 능력 향상, 지적 발달 및 정서적인 발전을 도모시킬 수 있는 방법이다. "코다이 교수법의 핵심은 '노래 부르기'이며, 노래를 통하여 음악을 이해하고, 적용하고, 창작하는 모든 과정을 습득하게 하는 것으로 악보를 보고 이해하고, 읽고 느끼는 모든 과정을 교육하고, 노래를 통해 애국심과 민족적 긍지도 고취시킬 수 있다."[54]라고 한다.

---

54) (사)한국코다이협회(www.kodaly.or.kr)

졸탄 코다이

헝가리의 작곡가, 음악교육가, 민족음악가, 지휘자.
헝가리의 민족음악을 연구하고 이를 음악교육에 적용하여
전 세계적인 코다이 교수법이 나오게 한 장본인이다.

부다페스트 시민 공원

다뉴브 강 유람선 투어

다뉴브강에서 유람선 투어를 즐기는 관광객들

독일에서 발원하여 중부 유럽과 남동 유럽을 흘러 흑해로 들어가는 강이다. '다뉴브'는 영어 명칭이고, 독일어 명칭은 '도나우'다. 이 강을 끼고 있는 영어권 국가가 하나도 없기는 하나, 지나가는 국가들의 언어가 독일어, 헝가리어, 루마니아어 등으로 그중 한 언어를 쓰지 않고 익숙한 영어 명칭이 널리 알려져 있다. 어원은 원시 인도유럽어로 '강의 여신'을 뜻하는 다누(Dānu)[55]라고 한다. 강의 길이는 2,858km, 유럽의 강 가운데 가장 긴 볼가강에 이어 2번째로 길다.

풍부한 수량 덕분에 사람이 살기 좋았고, 강을 따라 오리엔트 문화가 중부 유럽으로 가는 통로가 되었다. 때문에 이 강을 중심으로 끊임

---

55) 나무위키(https://namu.wiki)

없는 세력 다툼을 벌이곤 했다. 로마 제국이 영토를 확장하려 할 때는 다뉴브강 때문에 북상을 할 수 없기도 했다. 나폴레옹은 이 강의 센 물흐름을 간과하고 건너다가 휘하 장수를 잃기도 했다. 다뉴브강에 정 착한 민족이 세운 나라가 헝가리다.

「아름답고 푸른 도나우(The Beautiful Blue Danube_Johann Strauss II)」

André Rieu - The Beautiful Blue Danube

YouTube 캡처, Andre Rieu의 「The Beautiful Blue Danube」 공연

유럽을 관통하는 도나우 강을 표현하는 아름다운 왈츠곡, 아름다운 경치와 우아한 왈츠의 기분을 느낄 수 있다.

요한 슈트라우스 2세가 작곡한 왈츠. 한때는 오스트리아-헝가리 제국의 제2의 국가라는 소리까지 들은 곡이다. 당시에 엄청난 성공을 거두었고 당대부터 지금까지 가장 인기 있는 왈츠곡으로 사랑을 받고 있다. 곡의 완성도가 매우 뛰어날 뿐 아니라, 선율이 무척 아름다워 요한 슈트라우스의 가장 유명한 곡이라 할 수 있다. 도나우는 다뉴브 강의 독일어 이름이다.

「An der schönen blauen Donau」를 공연하는 모습(유튜브 캡처)

영화, 「글루미 선데이(Gloomy Sunday)」

다뉴브강을 배경으로 한 이 영화는 아름 다운 여성 일로나와 세 명의 남자 사이에서 갈등하는 내용이다. 자보와 그의 연인 일로 나, 그가 운영하는 부다페스트의 작은 레스 토랑. 새로 취직한 피아니스트 안드라스 여 기에 제2차 세계대전 중에 나타난 독일군 대령 한스와의 삼각관계를 그리는 영화다. 레조 세레스가 1933년 작곡한 「글루미 선

데이」는 곡이 애잔하고 감미롭다. 그러나 그 인기에도 불구하고 이 곡 을 듣고 자살하는 사람이 많아 헝가리 정부에 의해 원곡은 폐기된다.

Gloomy Sunday
Trauriger Sonntag,
  dein Abend ist nicht mehr weit
Mit schwarzen Schatten teil
  ich meine Einsamkeit
Schließ ich die Augen,
  dann seh ich sie hundertfach

우울한 일요일,
  당신의 저녁은 멀리 있지 않아.
검은 그림자들과 함께
  난 고독을 나누지.
눈을 감으면
  그들의 모습이 수없이 보여.

에리카 마로잔, 일로나 바나이 역 ▶

사진, 유튜브 캡처

성 이슈트반 대성당

이 대성당은 헝가리의 관광 명소 중 하나로, 완공까지 54년이 소요 되었고 건축가만 3명이다. 헝가리에서 가장 유명한 축구 선수 페렌츠 푸슈카시(Puskás Ferenc)가 여기에 잠들어 있고, 성당 앞 광장은 영화 촬영장으로도 활용된다. 18세기 대성당이 있던 곳에는 동물 싸움으로 유명한 극장이 서있다. 성당을 건설하기 전인 1838년 부다페스트 대홍수 때 큰 홍수가 도시를 휩쓸었고, 그때 부다페스트 평야에서 현재 성당 건물이 서있는 광장이 홍수가 지나가는 동안 수백 명의 피난처가 되어주었다. 생존자들은 자신들의 운명을 신의 기적이라 여겼기에 생존 장소에 성당을 건립하도록 헌금을 기부했다. 1851년 요제프 힐드(Hild József)의 감독 하에 첫 삽을 떴고, 이후 건축가 미클로스 이블(Ybl Miklós)이 성당 건설을 이어받아 초기 고전주의 양식을 신르네상스 방식으로 바꾸었으며, 오페라 하우스와 바자르 정원(Várkert Bazaar)의 건물을 지은 미클로스 이블이 참여했다. 그리고 마침내 1905년 요제프 커우제르(Kauser József)에 의해 성당이 완공되었다. 제2차 세계대전 중에는 대성당의 견고한 건물 지하 저장고에 귀중한 헝가리 국가 문서와 그 외 많은 보존품을 두어 폭격을 피했다. 성당은 도시와 마찬가지로 막심한 피해를 입었고 지붕 구조는 전체를 교체해야 했다. 1983년 시 정부가 대성당의 완전한 보수를 결정하였고, 2003년 8월까지 보수 작업이 지속되었다.

성당 양쪽의 탑은 80m이고 중앙의 탑은 이보다 높은 96m로, 헝가리 건국 896년을 기념하여 맞춘 것이다. 도나우 강변의 모든 건축물은 이보다 높게 지을 수 없다. 성당 문에는 그리스도의 12사도가 새겨져 있고 성당 안에는 성모 마리아 제단이 있다. 주제단 중앙 부조에는 성 이슈트반의 생애를 묘사하였고, 그의 손에 정치와 종교를 의미하는 이중 십자가가 있다. 내부의 돔 장식과 부활의 프레스코화, 스테인드글라스가 매우 화려하다. 제단 뒤 내부에는 성인의 신체 일부를 보존하는 관습에 따라 성 이슈트반의 오른손 뼈가 보존되어 있다. 동전을 넣으면 미라로 만들어진 손이 합장한다.

성 이슈트반 대성당

성당 내부의 화려한 돔 장식

ego sum via veritas et vita(내가 곧 길이요 진리요 생명이니)

성 이슈트반

이슈트반의 아버지는 게저 군주이다. 게저는 정치적 선견지명으로 봉건국가와 사회조직의 필요성과 기독교 수용의 중요성을 인식하고 있었다. 게저는 군주의 직속 군대로 독일의 바이에른 출신 기사를 고용했고, 현대적 무기와 전술로 헝가리 부족 연맹체를 깨트려 중앙 집권화에 성공했다. 씨족장들의 재산을 몰수하고 부족을 넓히기 위해 트랜실바아 부군주의 딸과 결혼했다. 아들 이슈트반을 바이에른 하인리히 2세의 딸과 결혼시켜 유럽 왕가의 일원이 되게 했다.

997년 군주에 오른 이슈트반은 1038년까지 재임하면서 헝가리 사회구조와 정치를 변화시키며 국가조직을 체계화시켰다. 기마 유목민족의 전통인 형사취수제, 연장자 상속과 직계 적자 상속의 원칙을 둘러싼 왕위계승권 관련 내란을 잘 진압하여 중앙집권적 왕권을 유지해 나갔다. 이슈트반은 1000년 12월 26일(혹은 1001년 1월 1일) 왕위에 올라 유럽의 개념에 따른 기독교 왕국을 국가, 정치, 사회체제의 원칙으로 삼았다. 교황 실베스터 2세는 왕관을 선사하며 왕으로 인정하였고, 신성로마 제국도 동의하였다.

이슈트반 1세는 씨족장들이 보유하고 있던 토지 2/3와 그 주민들을 왕에게 직속하도록 했고, 헝가리 내 거주하는 모든 종족을 기독교로 개종시켰다. 양도받은 토지를 포함해서 전 지역을 40여 개의 지방행정조직으로 구성하고 각 주의 담당 지사는 왕이 파견하거나 이전 씨족장 중에서 임명했다. 1018년에는 헝가리를 예루살렘 성지 순례를 위한 통로로 개방하여 동서 간의 무역에 참여했다.

1030년에는 신성로마 제국이 헝가리를 편입시키려는 침략을 크게 물리쳐 헝가리 왕국의 영토를 인정받았다. 그가 이룩한 국가조직, 법률, 사회체계는 14세기까지 유지되었다. 그는 기독교를 국교로 정하고 헝가리인들을 기독교로 개종시킨 공로로 1083년 성인(聖人)의 반열에 올려졌다. 성 이슈트반의 무덤에서 발굴된 미라화된 오른손은 에스테르곰 성당에 보존되어 있다.[54]

---

56) 이상협(1996), 앞의 책, pp.43-49.

발라톤

발라톤 호수는 유럽 최대 크기의 호수이며, 아름다운 경관을 자랑하는 곳이다. 드라마 『아이리스』 촬영 장소로 한국인에게도 유명해진 곳이기도 하다. 헝가리 최대 휴양지 발라톤 호수는 그 길이가 무려 70km에 달해 겉으로 보기에는 바다와 같다. 그래서 헝가리 바다라고도 불리는 곳이며, 여러 가지 이색 테마를 가지고 있는 곳이다.

발라톤 호수

여러 가지 특성을 지닌 발라톤(Balaton) 호수는 여가나 휴식을 즐기는 젊은이, 어린이를 동반한 모임, 대가족, 노인 여행객들 모두에게 좋은 여행지다. 발라톤 해변의 모래와 해안에서 받는 햇빛을 만끽하며, 운동장과 워터파크에서 스포츠와 어린이 프로그램을 즐길 수 있다.

발라톤퓌레드(Balatonfüred)의 아쿠아 파크는 또 다른 흥미로운 곳이다. 요트를 타고 발라톤을 여행하는 잊을 수 없는 경험, 크루즈 선셋 투어, 보물찾기 해적선 등 즐길 거리가 많다.

한적한 오후를 보내고 있는 가족

발라톤 호수를 바라보는 관광객들

티하니 마을[57]

　헝가리 최초의 대규모 산업용 라벤더 농장인 티하니 반도의 라벤더 들판, 프로방스 분위기를 자아내는 보랏빛 꽃밭, 라벤더로 만든 음식, 라벤더 페스티벌 등 티하니 마을은 바다 같은 발라톤 호수 주변의 아름다운 마을이다. 보물 같은 베데딕트회 수도원(Benedictine Abbey) 방문도 빼놓을 수 없는 방문지이다. 1천 년 된 수도원은 헝가리의 An-drew I세가 설립한 수도원 교회를 다 둘러보고 지하실로 내려가면 이 수도원 건립자의 무덤이 있다. 10분만 가면 벨소토(Belső-tó)와 라벤더 하우스가 나온다. 이곳의 양방향에는 티허니 반도의 형성 과정과 라벤더 재배에 대해 알 수 있다. 기프트 샵, 티샵, 크래프트 샵, 체험 정원에서도 향기로운 이 자줏빛 꽃을 볼 수 있다.

티하니 마을 입구

수도원과 마을의 상점

　티하니는 발라톤 호수 깊숙이 뻗어있어 호수를 둘로 나눈다. Tihany

---

57) 티하니 홈페이지(http://www.tihanyinfo.com/)

는 헝가리 한가운데 있는 유럽의 진주라 할 수 있다. 화산에 의한 간헐천과 석회암으로 채색되어 독특한 기후와 희귀한 동식물이 많기 때문에 1952년 헝가리에서 처음으로 자연보호구역으로 지정되었다. 풍경의 아름다움과 마을의 마법 같은 분위기, 역사적 기념물이 Tihany를 관광객들에게 매력적으로 만든다.

마을의 삶과 발전은 1055년 앤드류 1세가 당시의 관습에 따라 티하니를 매장지로 선택하고 베네딕토회 수도원을 설립하면서 결정된다. 수도원 교회는 수 세기 동안 마을 문화 정신의 중심지이며, 교회를 둘러싼 아늑한 초가집은 19세기의 분위기를 자아낸다. 마을 박물관은 거의 천 년 된 마을의 낚시, 농사의 삶을 보여준다. 최근 수십 년 동안 관광은 크게 증가하였다.

티하니의 역사는 고대로 거슬러 올라가지만, 그 당시 거주 지역은 현재보다 좀 더 먼 지역에 있는 캐슬 힐의 오바르(Óvár)였다. 여기에는 헝가리에서 가장 오래된 보루를 찾을 수 있으며, 통치하였던 왕들이 Fogas 점포(Fogas Csárda) 맞은편 언덕에 묻혀있다. 이 무덤 중 두 개만 오늘날 볼 수 있으며, 나머지는 사라졌다.

베네딕토회 수도원

수도원 전면

수도원은 Tihany의 삶에서 중요한 역할을 했을 뿐만 아니라 창립문서도 가장 오래된 헝가리의 유물이다. 이전에 독립적이었던 Apáti 마을에는 자체 교회가 있었으며, 오늘날에도 재건된 형태로 볼 수 있다. 그러나 Apáti는 터키인과의 싸움에서 살아남지 못하고 16세기에 파괴되었으며, 주민들은 마을의 현재 영토로 이사했다. 주로 흥청거리는 사람, 어부, 군인 등 레브 부지에 정착한 주민들도 이 운명에 부딪혔고, 성 마가렛이라는 이름을 가진 그들의 교회는 폐허로 되었다. 그러나 성의 운명은 1702년 헝가리의 성을 파괴하라는 명령으로 합스부르크에 의해 봉인되었다.

마을 주민들은 수 세기 동안 주로 낚시와 와인 생산으로 살았으며, 이 삶은 어부 길드 하우스에서 볼 수 있다. 포도 재배는 1800년대에 심각한 위협을 받고 있었는데, 그 당시 필록세라(phylloxera)라는 질병이 나타나 반도 전역의 포도나무를 쓸어버렸다. 농업부 장관은 필록세라에 내성이 있는 새로운 포도 품종을 도입하는 프로그램을 시작했다. Tihany에서는 운송은 낚시뿐만 아니라 여객 운송에도 중요한 역할을 했다. 티하니와 산토드 사이의 발라톤 호수를 건너는 유일한 페리가 이곳에서 운행된다. 크루즈는 적어도 두 해안 사이를 건너는 것만큼 중요하다.

헝가리 대평원을 지나다

헝가리인들의 기원은 핀-우그르 어족 및 우랄어족에 속한다. 인류학적으로는 투르크계, 고대 이란계, 슬라브계, 게르만계 등 중부 우랄 산맥에서부터 시작한 민족의 이동과정에서 수많은 종족과 접촉하고 카르피디아 분지에 정착하게 되었다. 우랄 산맥은 문화의 경계를 이룰 수 있는 정도로 높고 험준하지 않아 동절기에는 우랄 산맥 동쪽에서, 하절기에는 주로 서쪽에서 고기잡이와 고라니, 순록을 사냥했다는 것이 언어학 및 고고학적 연구 결과로 밝혀졌다.

헝가리 대평원

BC 1500~1000년 사이에 발생한 기후 변동은 우그르 어족을 분리시켜 고대 헝가리인들만의 사회를 이루게 했고, 이들을 기마 유목 민족화시켰다. 기온 상승으로 삼림지대의 경계가 약 200~300km 북쪽으로 올라가게 되자 처음에는 삼림과 초원의 경계지역을 따라 북쪽으로 이동하게 되었다. 그러나 BC 800~500년경에는 기온이 하강하여 삼림의 경계가 타이가(taiga) 지역화되자 말 대신 순록을 사냥하고 길러서 살게 되었다. 이후 BC 1000~800년경에는 초원을 따라 남으로 더 이동해 이란계 및 스키타이 문화의 영향을 받게 되었다.

'Magyar'라는 호칭은 자신들을 다른 종족과 구별하기 위한 헝가리인들의 독자적 공동체 인식으로 언어학적으로 '말할 줄 아는 사람'의 뜻을 가지고 있다. 고대 후기와 중세 초기에 걸친 유라시아 대륙의 대대적인 민족 이동은 기후 변화라는 자연 현상 때문에 발생하여 도미노처럼 동부 유럽에도 밀어닥쳤다. 만주벌판에서 중앙아시아와 남부러시아를 거쳐 다뉴브강까지 이르는 스텝 지대를 말을 이용해 목축, 식량 구입, 운반, 전투, 교환의 수단으로 생활해 왔다.

헝가리 학자들이 민족의 기원을 훈족과 분리하지만 기후 변화와 생태계 고갈 혹은 350년경 동쪽에서 이동해 오면서 훈(Hun)족과 교차되고 융합되었을 것이다. 아시아 흉노는 서시베리아로 이동하여 유럽 훈이 그 계승이고, 5세기 유럽에 대한 투르크 통치권을 행사했던 아틸라(ATTILA, 434-453)는 바로 북흉노 선우의 후예라는 설[58]은 훈이 헝가리의 민족과 무관하지 않음을 짐작할 수 있다. 역사상 유럽민족의 대이동은 훈족의 놀라운 기동성과 기마전술, 계속된 공격으로 촉발되

---

58) 이상협(1996), 앞의 책, p.42.

었다. 튀르크계 기마 유목민족들과의 공존은 헝가리인들의 생활방식을 변화시켜 고대 국가적 부족 연합체를 구성하게 했다. 동쪽에서 밀려오고 있는 민족 이동의 물결로 헝가리는 카르파티아 분지로 이동과 정착을 하게 된다. 헝가리 역사에서는 이것을 'Honfoglalás(영: Conquest, 독: Landnahme)'라는 용어로 표시하고 있다.

카르파티아(Carpathia) 분지는 헝가리인들이 이주하기 전부터 여러 계통의 종족들이 정착하고 원주민과 동화되고 이동해가는 흔적이 남아있는 곳이다. 부다페스트와 빈을 이어주는 국도 옆에 위치한 베르테스쉴뢰시에서는 1965년 직립원인 Homo erectus의 뼈와 주거지가 발견되었고, 이후 네안데르탈인의 유적도 여러 곳에서 발견되었다.

누렇게 물든 헝가리 대평원은 밀과 보리밭으로, 때로는 울긋불긋한 꽃밭으로 끊임없이 펼쳐져 있었다. 한국에서는 볼 수 없는 끝없는 평야와 구릉지대가 버스로 가는 내내 지나갔다. 헝가리는 우랄 산맥에서 기원한 유목민족이면서 오스트리아와 연합체를 구성하여 합스부르크의 지배를 받았고, 모하치 전투에서 오스만 제국에 패하였다. 부다페스트는 합스부르크 제국과 오스만 제국의 싸움터가 되었다. 가톨릭 세력과 이슬람 세력의 다툼은 마차시 성당의 지붕과 첨탑에 그대로 남아있다. 국가를 만든 7부족을 상징하는 어부의 요새에서 바라보는 페스트 지역과 다뉴브강 유람선에서 보는 웅장한 부다 왕궁은 영화로움의 징표이지만, 고요한 부다페스트의 야경은 다뉴브강의 잔물결 아래 숨어있는 너울성 역사처럼 다가왔다.

PART 06

체코

Czech Republic

프라하 야경. 블타바 강 뒤로 프라하 성과 성 비투스 성당이 보인다.

체코 기본 정보

인구	1,051	만 명(2021년)
면적	78,870	km²
수도	프라하	
정치체제	의원내각제	
종교	가톨릭, 개신교, 기타	
언어	체코어	
통화	코루나(Kč)	크라운이라고도 함
환율	1코루나(Kč)=58.64원	2023. 2. 25. 기준

체코의 역사

　고대 체코슬로바키아 지역에 최초로 거주한 민족은 켈트인이며, AD 1세기경부터 게르만인과 로마인들이 켈트인을 축출하고 주도권 쟁탈을 하였다. AD 6세기경부터 슬라브인이 유입되면서 고대 체코인은 현재의 보헤미아(Bohemia)와 모라비아(Moravia)에, 고대 슬로바키아인은 현재의 슬로바키아에 정착하였다. 6세기경 사모(프랑크 왕국의 상인으로 추정)가 몇몇 부족을 통합하여 보헤미아를 중심으로 이 지역 최초의 슬라브족 국가인 사모(Samo) 왕국(623~658)을 건설하였고, 9세기 초에 대(大)모라비아 왕국(830~907)은 그 세력이 보헤미아(Bohemia), 슬로바키아, 폴란드 남부, 헝가리 서부까지 통치하여 고대 체코인과 슬로바키아인을 하나의 국가로 만들었다. 907년 헝가리의 마자르족(Magyars)이 대(大)모라비아 왕국을 멸망시키고 슬로바키아 지역을 지배하

기 시작하였다. 이후 슬로바키아 지역은 체코와 분리된 채 1천 년간 헝가리의 지배 아래 놓이게 되었고, 체코인들은 보헤미아 지역을 중심으로 활동하게 되었다. 이 사건은 훗날 체코와 슬로바키아가 분리되는 계기가 되었다.

10세기부터는 체코 왕국 시대가 시작된다. 이 시기 프르셰미슬(Premysl)족이 체코 부족을 통합하여 보헤미아를 중심으로 중앙집권적 체코왕국을 건설하였고, 14세기 초부터는 룩셈부르크(Luxemburg) 왕조가 지배하는 체코 역사의 황금 시기였다. 1355년 카를 4세(Karl IV, 카렐 4세)가 신성로마 제국 황제로 즉위한 후 프라하(Prague, Praha)는 제국의 중심이 되었으며, '보헤미아의 왕관'으로 불렸다. 카를 4세는 두 차례 로마를 원정하였고, 그의 치세 기간에 카를교와 바츨라프 광장이 조성되고 카를 대학이 설립되었다. 한편 카를 대학 신학부 교수였던 얀 후스(Jan Hus)는 교회의 세속화와 면죄부 발행을 비판하였고, 가톨릭 공의회는 그를 종교재판에서 이단으로 몰아 틴 교회 앞에서 화형에 처한다. 이에 후스를 지지하는 교도들이 후스 전쟁(1419~1434)을 일으켜 교황의 십자군을 5회에 걸쳐 격파한다. 후스주의는 이흘라바(Jihlava) 협약으로 1436년 공인하게 된다.

1526년 모하치(Mohacs) 전투에서 체코와 헝가리의 연합군대는 오스만 제국에 대패하고 왕도 전사한다. 그리고 왕위 계승을 위한 귀족 회의에서 오스트리아 페르디난트 대공이 왕실 부채 절반을 부담하는 조건으로 체코-헝가리의 왕이 된다. 이후 보헤미아와 슬로바키아는 합스부르크(Habsburg)가의 통치를 받기 시작한다. 가톨릭을 지지하는 합스부르크가의 페르디난트 2세(Ferdinand II)가 보헤미아의 왕이 되면서 프로테스탄트를 탄압하기 시작하자 보헤미아의 귀족들이 이에 저항하면서 30년 전쟁(1618~1648)이 발발한다. 이 전쟁으로 저항 세력은 처형되거나 추방되었고 체코 왕국의 자치권은 사라졌으며, 베스트팔렌(Westfalen) 조약으로 합스부르크 왕가에 합병된다. 18세기 체코 왕국은 합스부르크가의 마리아 테레지아(Maria There sia), 요제프 2세(Joseph II)에 의한 중앙집권 및 관료주의를 근간으로 한 통치 아래 오스트리아제국의 1개 주로 편입된다. 그러나 계몽사상의 영향으로 민족적 부활 의지는 높아졌다.

1867년 프러시아 전쟁에서 패배하여 탄생한 오스트리아-헝가리 제국에서 체코는 오스트리아에 의해, 슬로바키아는 헝가리에 의해 각각 지배되었다. 이후 이들의 예속에서 독립하려는 민족주의 운동과 저항 운동이 각계각층에서 전개되어 1918년 10월 체코슬로바키아 국민 회의는 임시정부로 재조직되어 워싱턴과 파리에서 각각 독립 선언문을 발표한다.

체코는 1920년 2월 29일 헌법을 제정하여 국민의회(양원제)를 최고의 권력기관으로 규정하고 국민의회에 대통령 선출권을 부여하였다. 공화국 초기의 정책은 독일인과 슬로바키아인들의 해묵은 적대감으로 원활히 추진되지 못하였으나 1930년대 대공황 전까지 성공적인 경제정책을 통해 동유럽에서 가장 부유한 국가로 번영하였다. 제2차 세계대전(1939~1945) 시 정부는 단지 독일의 하수인에 불과했다. 나치 독일이 체코슬로바키아를 합병하여 보헤미아, 모라비아를 독일 보호령에 두었고, 슬로바키아에 그들의 휘하 정부를 수립하였다.

1938년 뮌헨 협정의 당사국에서 배제된 채 영토 분할이 조인된 것에 대해 체코슬로바키아 국민들은 서구 동맹국들에 배신감을 가졌고, 이것이 공산당에 협조적 성향으로 나타나 공산당원이 약 40배로 증가하게 되었다. 1945년 5월 9일에는 소련군이 프라하(Prague, Praha)에 입성하였다. 1946년 5월 최초의 자유 총선에서 공산당이 득표율의 38%를 획득하여 이후 공산당이 주도하는 새 내각이 구성되었다. 1948년 5월 의회 해산 및 소련 헌법을 모방한 헌법이 제정되고 무혈 공산혁명이 되어 체코슬로바키아는 스탈린화되었다.

1956년 체코슬로바키아 공산 정권은 같은 해 5월 자유를 요구하여 일어난 프라하(Prague, Praha)와 브라티슬라바(Bratislava)의 학생 시위를 강경 진압하는 등 스탈린주의를 고수하였다. 1965년 시장경제 원리에 의한 신경제 도입, 둡체크(Alexander Dubcek)의 개혁 정책 이후 1968년 8월 체코슬로바키아의 개혁 운동(프라하의 봄)으로 솟구쳤으나 소련이 주도하는 바르샤바조약 5개국의 무력 간섭으로 좌절되었다. 이후 후사크의 정권에 의한 인권 부재를 항의하는 243명이 서명한 '77헌장'이 1977년 1월 1일 서독 일간지에 발표되는 등 저항운동은 계속되었다. 고르바초프(Gorbachyov) 소련 공산당 서기장의 개혁·개방 정책의 영향으로 1989년 1월 프라하에서 바츨라프 하벨(Vaclav Havel)을 중심으로 대규모 반정부 시위가 발생하자, 공산당 정부는 이를 강경 진압하였다. 체코 의회는 시위 및 불온 유인물 유포에 대한 처벌을 강화하는 법안을 통과시키고, '77헌장' 그룹을 중심으로 확산되고 있는 반체제 활동을 저지하려 하였다.

그러나 1989년 11월 20일 20만 명의 시민은 프라하의 바츨라프

(Vaclav) 광장에서 시위대에 대한 당국의 발포 명령에 항의하며 공산 통치의 종식과 자유화를 외치며 대규모 시위를 벌였다. 하벨의 주도하에 이루어진 이 시위를 피를 흘리지 않은 무혈혁명으로 벨벳 혁명(Velvet Revolution)으로 불린다. 이로부터 자유민주 정부가 탄생하였다. 1990년 4월 체코는 국명을 체코슬로바키아 사회주의공화국(CSSR)에서 체코와 슬로바키아 연방공화국으로 변경하였다. 1992년 6월 자유 총선거가 실시되었고 1993년 1월 26일 체코공화국 의회는 바츨라프 하벨(Vaclav Havel)을 체코공화국 대통령으로 선출하였고, 체코와 슬로바키아로 분리되었다.

체코는 지리적으로 서쪽에는 보헤미아 지방, 동쪽에는 모라바 지역이 있다. 수도 프라하는 블타바강과 엘베강을 사이에 두고 있으며, 모라바 사이로는 모라바강이 흐른다. 행정구역은 14개 주이며, 인구 1천만 명으로 프라하에 110만 이상이 거주한다. 정부 형태는 임기 4년의 총리가 국가수반인 내각책임제 국가로, 의회는 임기 4년의 하원과 임기 6년의 상원으로 구성되어 있다.

▶ 참고: 네이버 지식백과, 위키백과, 체코의 자유화 시대(1989년 이후)

✎ 프라하

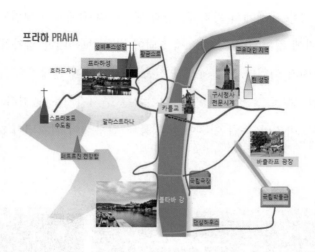

프라하 PRAHA

호라드차니
성비투스성당
프라하성
팔콩스트
츠완마인 지역
틴 성당
구시청사
천문시계
카를교
스트라호프
수도원
말라스트라나
페트르진 전망탑
바츨라프 광장
국립극장
블타바 강
국립박물관
켄싱하우스

　관광객을 끌어들여 감성을 자극하는 '프라하'와 '보헤미아'가 체코에
있다. 그러나 체코는 유럽의 한가운데 열강에 둘러싸인 작은 나라이
다. 그들은 인본주의와 민주주의를 숭상하여 1968년 프라하의 봄으
로 공산주의를 타파하고 극작가이자 아마추어 철학가 하벨을 대통령
으로 만들었다. 스메타나, 드보르작, 야나체크 같은 음악가들이 있고,
카프카와 같은 문학가가 있다. 성곽과 건축물, 조각들은 로마네스크에
서 고딕, 르네상스, 바로크 등 프라하 자체가 '유럽의 미술관'이다.

　1993년 체코와 슬로바키아가 분리되어 체코의 인구는 약 1천만 정
도이고, 슬로바키아는 5백만 정도이다. 두 나라를 합쳐야 13만 ㎢에
지나지 않는다. 유럽 중심의 요충지로 기원전에는 켈트인이 지나갔고
게르만인과 로마 군인이 다투었으며, 프랑크 제국이 아바르족을 상대
로 격전을 벌였다.

프라하 성(Prague Castle)

  프라하 성은 세계에서 가장 큰 성곽 단지이다. 9세기에 설립된 이래로, 12세기에 걸쳐 지속적으로 축조되어 왔고, 보헤미안 왕자들과 왕들의 거주지가 되었다. 카를 4세가 건축을 시작하여 현재의 모습을 갖추었고, 합스부르크 왕가의 지배 시기에는 구시가지로 옮겼다. 1918년 체코슬로바키아 독립 이후에는 대통령 집무실이 설치되어 사용되고 있다.

프라하 성   프라하, 우편엽서

  프라하 성 단지는 천 년이 넘는 세월 동안 발전을 거듭하여 왔다. 성비투스 성당을 비롯하여 구왕궁, 황금 골목, 왕실 정원 등 성채 자체가 박물관이다. 이 성터는 870년경 프르제미슬 왕조의 보리보이 공에 의해 성채가 축조되기 시작했고, 이곳에 왕가와 귀족들이 살게 되면서 도시가 발전하였다. 도시는 확장되어 블타바 강 건너에까지 이르고 있다. 원래 보헤미안 왕자와 왕의 자리였던 이곳 건물은 구 왕궁, 성 비

투스, 성 바츨라프 및 성 아달베르트 대성당, 성 조지 대성당이다. 골
든 레인과 볼 게임 홀이 있는 왕실 정원 그리고 여름 궁전이 있다. 16
세기까지 체코 왕의 거주지로 사용되어 외관과 내부가 화려하다. 궁전
을 여행하는 동안 웅장한 후기 고딕 양식의 둥근 천장이 있는 위대한
블라디슬라프 홀을 볼 수 있다.

왕실 내부

성 조지 대성당은 중부 유럽에서 가장 오래된 종교 건물 중 하나로 유명하다. 그것은 920년 초에 설립되었으며, 바로크 양식으로 화려하게 재건된 외관에 로마네스크 양식이다. 달리보르카 타워는 성 요새의 일부였고 지하 감옥의 기초를 볼 수 있으며, 타워는 황제 루돌프 2세가 사냥 게임을 갔던 숲이 우거진 계곡인 프라하 성 아래의 장벽으로 아름다운 전망을 볼 수 있다. 길이가 90m가 넘는 바로크 승마 학교는 귀족들이 승마 기술을 연마하기 위한 곳이었고, 현재는 미술 전시회를 개최하곤 한다.

앤 여왕 여름 궁전

　왕립 정원의 앤 여왕 여름 궁전은 축제뿐만 아니라 휴식과 휴식을 위해 지어졌다. 앞 공원에는 '노래하는 분수'가 있다. 프라하 성 뒤편 안쪽에 위치한 이 궁전은 페르티난드 1세가 부인 앤 여왕을 위해 지어준 곳이다. 정원은 우아한 분위기로 분수에서 떨어지는 소리가 영롱하다. 궁전은 갤러리 겸 전시 공간으로 특별한 경우에만 오픈된다.

앤 여왕 여름 궁전

📝 말라스트라나와 흐라트차니

프라하에는 3개의 서로 다른 문화 즉 체코, 독일, 유대 문화가 서로 혼재되어 있다. 이러한 문화를 반증하는 도시들이 다섯 개 지역에 나누어져 있다. 구시가지, 유대인 지구, 신시가지, 말라스트라나, 흐라트차니가 그것이다. 구시가지는 11세기부터 무역으로 시장이 형성되었던 곳으로 천문시계, 얀 후스 동상 등이 있다. 유대인 지구는 10세기부터 형성된 곳으로 시나고그 유대인 교회와 10만 명의 유대인이 묻혀있는 공동묘지가 있다. 말라스트라나는 성채 아래로 형성된 붉은색의 건물들로 만들어진 도시다. 13세기 상업지구로 만들어져서 이후에 일어난 큰 화재로 소실되었다가 17세기에 오스트리아 귀족들이 이주하면서 바로크 양식으로 화려하게 재건되었다. 발렌슈타인 궁전, 성 니콜라스 성당, 리히텐슈타인 궁전 등이 있다. 흐라트차니는 프라하 성이 있는 지역으로, 이곳 성의 첫 번째 정원에서 매일 정오에 큰 팡파르와 함께 근위병 교대식을 볼 수 있다. 프라하 성 정문 오른쪽에는 대주교 궁전으로 18세기에 로코코 양식으로 개축했다. 거인상이 칼과 몽둥이를 들고 지키는 이곳을 통과하면 대통령 관저가 나온다.

말라스트라나 지구

흐라트차니 지구

황금 소로(Golden Lane)

프라하 성으로 가는 옛 성 계단을 올라 안뜰과 옛 왕궁의 내부를 방문하고 성 비투스 대성당에서 연금술사들의 거처였던 골든 레인(Golden Lane)으로 갈 수 있다. 이곳의 22번지는 프란츠 카프카(Franz Kafka)가 6개월간 머물면서 집필하던 곳이다. 골목의 2층에는 중세 시대 유물과 갑옷들이 전시되어 있고, 골목길에 지금은 액세서리와 관광 기념품을 판매한다. 작은 창문과 굴뚝이 있는 다채로운 작은 집들은 20세기 중반까지 장인과 예술가들이 살았던 곳이다.

카프카 생가

황금 소로 입구

중세 갑옷을 전시한 방

황금 소로 2층 유물관

성 비투스 대성당

성 비투스는 시칠리아 출신으로 디오클레티아누스의 박해(304년경) 동안 이탈리아 남부의 루카니아에서 어린 나이에 순교한 것으로 알려져 있다. 그에 대한 숭상은 5세기 초이지만, 그의 삶에 대한 정보는 거의 없다. 그의 유물 중 일부는 836년부터 Korvey upon Weserou 수도원에 보관되었으며, 그곳에서 그의 팔을 St. 바츨라프가 그의 이름을 딴 프라하의 주요 교회에 그것을 기탁했다. 다른 유물은 파비아에서 카를 4세(1355)에 의해 프라하로 옮겨졌다.[59]

성 비투스 성당은 프라하에서 가장 크고 중요한 교회이다. 알폰스 무차(Alfons Mucha)의 아르누보 창문, 체코 왕의 고딕 양식의 무덤, 국가의 수호 성인 성 바츨라프 예배당이 있다. 예배당 옆에는 체코 왕관 보석(왕관, 홀 및 구)을 보관하는 방이 있고, 특별한 날에만 전시된다. 멋진 전망을 즐길 수 있는 남쪽 타워 입구 옆에 있는 골든게이트 위의 모자이크도 볼거리 중 하나다. 성당의 정면에는 성 비투스의 묘가 있고, 제단 오른쪽에는 성 얀 네포무크의 묘와 2톤의 은을 녹여 만든 조각상이 있다. 네포무크는 1393년에 순교했다. 그는 왕이 왕비의 고해성사 내용을 말하라고 하자 거부했고, 이로써 순교 당했다. 그의 시신은 카를교에서 블타바강으로 던져졌다. 카를교에는 그의 동상이 있다.

성 비투스 대성당은 블타바강 너머에서도 보이는 프라하를 대표하는 건축물로, 세계문화유산에 등재되어 있다. 9세기에 바츨라프 1세가 교회 건물을 지은 것이 성 비투스 대성당의 원형이고, 이후 11세기

---

59) 성비투스성당 홈페이지(https://www.katedralasvatehovita.cz/)에서 참고함.

에 로마네스크 양식으로 재건축되었다. 지금의 모습은 14세기 카를 4세가 고딕 양식으로 새로 짓기 시작하면서 갖추어진 것이다. 후스 전쟁으로 중단되었다가 20세기에 현재의 모습이 완성되었다. 전체 길이 124m, 너비 60m, 높이 33m의 건물이다. 1743년에는 합스부르크의 여제 마리아 테레지아의 체코 왕위 대관식이 이곳에서 열렸다.

비투스 성당 중앙에는 합스부르크가의 페르디난트 1세와 가족들이 잠들어 있다. 주제단의 뒤쪽에는 7개의 예배당이 있고, 그중 중앙의 마리아 예배당의 스테인드글라스가 특히 아름답다. 바츨라프의 유물이 전시된 '성 바츨라프 예배당'은 성 비투스 성당의 필수코스로 손꼽힌다. 성당 지하에는 카를 4세, 바츨라프 4세 등 왕과 주교들의 묘가 있다. 첨탑에서는 시내 전경을 볼 수 있다.[60]

오늘날 대성당의 기초는 프랑스의 대성당에서 영감을 받은 보헤미아의 왕이자 신성로마 제국의 황제였던 카를 4세에 의해 1344년 세워졌고, 체코의 가장 유명한 성인인 성 바츨라프가 사망한 지 정확히 1000년 후인 1929년에 건설이 완료되었다. 거대한 기둥은 웅장한 아치형을 지지하고 있고, 아름다운 장식의 스테인드글라스는 반짝이는 태양에 은은한 빛으로 들어온다. 성 비투스 대성당의 가장 중요한 곳은 바로 성 바츨라프 예배당으로 보헤미아의 대관식 보석이 7개의 자물쇠로 보관되어 있고 성인, 왕, 왕자와 대주교의 무덤이 있다. 대성당의 남쪽 탑 전망대에서 보는 아름다운 프라하의 파노라마를 놓쳐서는 안 된다.[61]

---

60) 네이버 지식백과
61) 성비투스성당 홈페이지(https://www.visitczechrepublic.com/)에서 참고함.

성당 내부

성 비투스 대성당

성 네포무크 무덤, 은으로 장식

성 바츨라프 예배당, 화려한 금장식

성 비투스 성당 스테인드글라스

장미의 창(천지창조)

　중세부터 유리공예로 축적된 기술은 성당에 스테인드글라스를 설치하면서 '보헤미안 글라스', '보헤미안 크리스털'이라는 아름다운 작품을 남기게 되었다. 성당 바로 입구 상단에 있는 원형의 스테인드글라스는 장미의 창(The Creation Rose Window)이라 부른다. 1925년에 시작해서 3만 개가 넘는 유리 조각으로 새겨 넣은 것으로 창세기의 천지창조를 표현하고 있다. 프라하의 예술가 Max Svabinsky의 작품은 중앙 홀에서 남쪽으로 있다. 「최후의 심판」이라는 내용으로 중앙에 그리스도와 성모 마리아, 성 아달베르트, 요한과 야곱이 그려져 있다. 여러 가지 스테인드글라스 창 중에 가장 돋보이는 창은 알퐁스 무하(Alfons Mucha)가 1930년 만든 작품(「The New Archbishop Chapel」)이다.

다른 스테인드글라스는 성경의 내용을 묘사한 것인데, 이것은 슬라브 민족에 기독교를 전파한 비잔틴의 선교사 성 키릴로스 형제의 일대기를 담았다고 한다.

「최후의 심판」

아름다운 스테인드글라스

아르누보(Art Nouveau)는 화려한 장식을 도입하여 자연과 전원으로의 복귀를 지향하는 예술 운동이었다. 1890년대에 들어와서 과거에서 탈피 콘크리트, 철, 유리 등 새로운 재료를 이용하여 식물과 꽃 등으로 장식적이고 신화적인 스타일의 예술 양식이 나타났다. 이를 분리파라고 하는데 시세션(Secese; Sezession; Secession)이라고도 한다. 이 양식은 비엔나와 뮌헨에서 시작되어 체코로 넘어와 프라하도 그 중심이 되었는데, 알폰스 무하(Alfons Mucha, 1860~1939)가 이 화풍으로 세계적인 명성을 얻었다.

알퐁스 무하의 아르누보 창문

카를교

카를 4세 동상

카를교

사진, https://pxhere.com

말라스트라나-스트레메스토(구시가)를 연결하는 웅장한 바로크 양식의 조각상이 있는 중세 석조 다리는 항상 관광객들에게 인기 있는 장소다. 프라하에서 가장 오래된 이 다리는 1357년 카를 4세에 의해 설립되었으며, Peter Parler의 감독 하에 1402년에 완공되었다. 양쪽에 탑으로 요새화되어 있고, 1683년 이래로 30개의 동상과 성도 동상 그룹이 다리에 세워졌다. 이것은 프라하시의 시각적 상징이 되었다. 조각상과 양쪽 끝에 거대한 탑이 있는 다리의 길이는 반 킬로미터가 넘는다. 가장 유명한 것은 네포무크의 바로크 양식의 동상이다. 다리 입구에 카를 4세의 동상이 서있다.

네포무크에 대한 전설은 바츨라프 4세 왕비, 소피아의 고해성사다. 소피아 왕비는 프라하 주교였던 네포무크에게 외도 사실을 털어놓게 되는데, 왕은 이 사실을 알고자 네포무크를 추궁한다. 그러나 신부는 비밀을 지켰고, 왕은 그의 혀를 자르고 그의 몸을 강에 던졌다. 며칠 후 블타바강에 그의 시신이 떠올랐는데, 그 강에서 다섯 개의 눈부신 별이 쏟아졌다고 한다. 이야기를 들은 왕은 자신의 잘못을 뉘우치고 시신을 회수해 은으로 장식한 아름다운 묘를 만들어주었다. 그의 무덤은 성 비투스 성당에 있다. 그 당시 사건을 묘사한 그의 동상과 아래 동판은 카를교에 세워져 있고, 이곳을 만지면 소원이 이루어진다는 전설이 있다. 그래서 동판은 닳아서 반짝거린다. 카를 4세의 동상은 카를 대학 500주년 기념으로 카를 탑과 함께 만들어져 있는데, 오른손에 들고 있는 것은 대학 설립 인가증이다. 카를 4세는 신성로마 제국의 여러 민족의 수요를 고려하여 대학의 학생과 교수를 체코, 바바리아, 색스니, 폴란드 4개 민족으로 안배하였다. 동상 아래는 4개의 여자 상이 있다. 이것은 당시 대학의 학부 신학, 의학, 철학, 법학을 상징한다고 한다.

동상 아래 동판을 짚고 소원을 빌고 있다.

카를교에 있는 네포무크 동상

천문시계가 있는 구시가지 광장

구시가지 광장은 가장 사람들이 많은 곳이다. 시간마다 천문시계를 보려고 관광객들이 모여든다. 그런 다음 바로크 아케이드에서 맥주 또는 커피를 즐기면서 광장을 거닐며 타워에서 시가지를 감상할 수 있다. 이 광장은 프라하의 진정한 중심으로 단지는 70m 타워와 3개의 인접한 건물로 구성되어 있다. 가장 크게 인기를 끄는 곳은 12사도의 나무 조각상이 매시간 행진하는 천문시계다. 아랫부분에는 Josef Mánes(1865)의 조디악 표지판이 있는 달력이 있다. 덴마크 천문학자 티코 브라헤(Tycho Brahe)는 광장 반대편에 있는 틴 앞의 성모 교회에 안장되었다.

천문시계와 전망 탑

천문시계가 있는 구시가지 광장

얀 후스(Jan Hus) 동상

구시가 광장 얀 후스(Jan Hus) 동상에는 체코어로 "MILUJTe Se•PRAVDY KAŽDéMU PŘeJTe(서로 사랑하라•모두에게 진실을 전하라)."[62] 라는 문구가 새겨져 있다. 얀 후스는 프라하 대학에서 신학을 공부하고, 이 대학 교수로 취임 후에 위클리프 종교개혁 사상에 영향을 받았다. 그는 성직자와 교회의 토지 소유, 세속화를 비난하고, 성경을 체코어로 번역하는 일과 민족 교육에 매진했다. 특히 교황의 면죄부 판매를 반대하는 등 로마 가톨릭 교회의 부패를 비판하여 1414년 콘스탄츠 공의회에 소환되었고, 이 종교재판에서 이단으로 몰려 1415년 화형되었다. 당시 후스를 지지하는 교도들이 교황의 십자군에 대항하여 후스파 전쟁을 일으키고 이 전쟁은 13년간 계속되었다. 이후 1세기가 지나 마틴 루터에 의해 재조명되었고, 얀 후스는 체코에서 추앙받는 인물이 되었다. 이 동상은 그가 순교한 지 500년이 되는 1915년 7월 6일에 제막되었다.

---

62) 이 문구에 대한 해석은 여러 가지가 있다. "진실은 승리한다", "서로를 사랑하라, 모든 이들 앞에서 진실을 부정하지 마라", "서로 사랑하십시오 그리고 모든 이들에게 진리를 요구 하십시오" 등이다. 본 저자는 원문을 준용 "서로 사랑하라•모두에게 진실을 전하라"라고 풀이해 보았다.

후스주의와 창문 밖 투척 사건

카를 4세의 통치기가 끝나가는 체코 왕국의 중세 시대는 국민들의 불안이 증폭되어 가는 시기였다. 왕권과 귀족, 왕권과 교회의 불화로 통치력이 약해지고 위기 의식이 고조되는 시기였다. 사람들은 그 원인을 하느님의 계율을 어긴 데 대한 신의 분노와 응징으로 보았다. 교회는 막대한 부를 바탕으로 사치와 영화를 일삼았고, 세속정치에 참여하여 폐해가 극심했다. 교황청은 심지어 3명의 교황이 나와 극한적인 분열상을 보여주고 있었다.

이에 교회 개혁운동을 선두에서 이끈 카를 대학(프라하 대학)의 얀 후스는 교양학부와 신학부 교수로, 1402년부터 베들레헴 교회의 설교자로 활동하였다. 그는 교회의 타락을 청산하고 초기 기독교의 정신으로 돌아가야 한다고 촉구하였는데, 이는 왕실과 일부 귀족, 대중들의 지지를 받았다. 물론 고위 성직자와 프라하 시의 독일인 대표들은 반기를 들었다. 이로 인하여 독일인 교수와 체코인 교수들 간의 갈등이 불거져 독일인 교수와 일부 학생들은 새로운 대학으로 떠나게 되었다. 후스의 설교는 교회의 재산권을 박탈해서 청빈한 교회를 만들어야 한다는 것으로, 소귀족과 도시 공민들의 광범한 지지를 받고 있었다. 그러다가 1412년 후스가 교회의 면죄부 판매를 공개적으로 비난하자 교회는 강경하게 대응하였고, 바츨라프 4세까지 교회를 두둔하면서 후스는 프라하를 떠나야 했다.

1414년 10월 스위스의 콘스탄츠에서 종교회의가 열리자 바츨라프 4세의 동생인 지그문트가 안전 통행을 보장하면서 후스로 하여금 종교회의에 참석할 것을 요구했다. 후스는 자신의 생각을 교회의 고위 성직자들에게 이해시킬 수 있으리라는 믿음으로 콘스탄츠에 가게 되었다. 그러나 그는 도착 즉시 체포되었고, 오랜 심문을 거쳐 1415년 6월 7일 화형에 처해졌다. 1년 후에는 같은 장소에서 그의 친구이자 동료인 예로님이 같은 죽임을 당했다.

후스의 처형은 강한 반발을 일으켰고, 그 지지자들은 영성체 의식에 빵과 포도주의 양종을 도입하였다. 후스를 따르는 후스주의와 가톨릭 세력 간의 충돌은 1419년 7월 30일 프라하의 노베메스토에서 동료 후스주의자들의 석방을 요구하며 시위를 벌였다. 이 과정에서 이를 거절하는 시 의회 의원들을 시청의 창문 밖으로 내던져 버리는 제1차 창문 밖 투척 사건[63]이 발생하였다. 수일 후 바츨라프 4세가 죽자 후스주의자들은 순식간에 보헤미아를 장악했다. 후스주의자들은 1420년 프라하에 모여 종교개혁에 관한 4개 조항을 발표하였다.[64]

---

63) 제2의 창문 밖 투척사건은 1618년 5월 합스부르크 왕가의 비카톨릭 세력에 대한 탄압으로 촉발되어 체코 귀족들이 프라하 성으로 찾아가 항의 농성을 하던 중 왕실 대표들을 창문 밖으로 내던지는 사건이다.
64) 권재일(1995),「체코슬로바키아사」, 서울 : 대한교과서주식회사, pp.61-65.

종교개혁

1517년 마르틴 루터가 교황 중심의 서유럽 정치, 서방 교회의 면죄부 판매 등 95개 조 반박문을 발표하는 사건으로 출발하여 부패한 교황 제도와 서방 교회에 대한 개혁 운동이다. 여기서 주장한 요지는 다섯 솔라로 축약되는데, 이는 16세기 서방 교회의 부패에 대하여 인문주의자들의 방법론으로 개혁할 것을 주장한 것이다. 종교개혁가들이 내세운 다섯 가지 솔라(Five Solas)는 다음과 같다.[65]

- **솔라 스크립투라**(Sola Scriptura, 오직 성경): 진리냐 아니냐는 오직 성경에 있다. 그리스도 교리의 유일한 원천은 성경이다.
- **솔라 크리스투스**(Sola Christus, 오직 그리스도): 인간은 스스로 구원할 수 없고 오직 예수 그리스도의 은총을 덧입는 것이다.
- **솔라 그라티아**(Sola Gratia, 오직 은혜): 그리스도의 공효를 덧입는 것은 오직 하나님의 선물이다. 믿음은 구원의 은총을 받는 '통로' 역할일 뿐이다.
- **솔라 피데**(Sola Fide, 오직 믿음): 하느님이 내리는 은혜는 오직 믿음을 통하여 받을 뿐이다.
- **솔라 데오 글로리아**(Soli Deo Gloria, 오직 하나님께만 영광): 구원은 하나님이 시작하고 완성이며, 거기에 인간 참여는 없으므로 모든 영광은 하나님이 받는다.

루터 이전에도 존 위클리프, 얀 후스, 윌리엄 틴들, 사보나롤라, 웨셀 간스포트 같은 종교 개혁적 사상가들이 있었다. 종교개혁은 유럽의

---

65) 위키백과(https://ko.wikipedia.org/wiki/)에서 참고함.

역사, 문화와 문명을 변화시키는 계기가 되었고, 왕권과 교황청의 결탁을 무너지게 하는 결과를 가져왔다. 과학과 예술에서도 이성을 중심으로 한 합리성이 요구되었다. 교황으로부터 각국이 독립함으로써 과세권이 사라지게 되자 교황청은 재정적 압박을 받게 되었고, 정치적 권위는 하락하게 되었다. 무엇보다 종교개혁은 성경의 권위를 회복하고 예수 그리스도와 믿음, 은혜의 관계를 새롭게 발견한 것이었다.

빌라호라 전투와 보헤미아 반란

루돌프 2세(1576~1611)가 왕위에 오르기 이전부터 체코 귀족들은 왕의 프라하 거주를 주장해 왔다. 루돌프 2세는 체코의 왕이면서 신성로마 제국의 황제를 겸하여 프라하를 제2의 제국의 수도로 삼았다. 프라하가 수도가 되면서 프라하 성은 유럽에서 가장 매력적인 장소가 되었다. 궁성에 외교관, 학자, 예술가들이 몰려들었고, 케플러 같은 천문학자가 활동하였다. 이들은 루돌프 매너리즘이라는 예술 사조를 창조할 정도였다. 루돌프는 수집광이자 편집광으로 점성가와 비금속에서 금을 만들겠다는 연금술사들을 모이게 함으로써 화학의 선구가 되게 했다.

한편 루돌프 2세는 프라하와 체코 왕국의 중요성을 인식하고 제수이트 교단의 교육을 받은 급진적인 가톨릭교도들로 행정기구를 장악하게 하여 1598년부터 1603년까지 보헤미아 지역에서 모라비아 지역에 이르기까지 제수이트교도들로 핵심 자리를 채웠다. 그리고 이들로 하여금 비가톨릭교도들에 대한 탄압을 주도하게 하였다. 또한 대터키 전쟁을 계기로 합스부르크 왕가가 헝가리의 프로테스탄트 세력을 탄압하자 반합스부르크 봉기가 제국의 다른 지역으로 확산되었다. 병약한 루돌프 2세를 대신하여 마티아스가 협상에 나섰는데, 그는 이를 자신의 권력 강화의 기회로 활용했다.

합스부르크 마티아스는 헝가리 대표들과 종교의 자유를 인정하는 강화 조약을 체결했는데, 프라하의 루돌프 2세는 이에 대한 승인을 거부하였다. 그러자 마티아스는 헝가리-오스트리아-모라비아 연합을 구축하여 대치하였다. 유화적인 귀족들의 중재로 루돌프 2세는 1609년 종교의 자유에 대한 칙령을 발표하였고, 프라하 대학은 비가톨릭 세력의 사상적 중심지로 독립 교회가 창설되었다. 체코 땅에 종교의 자유를 위한 역사적인 승리의 순간이었다.[66]

그러나 급진적인 가톨릭 정치인들은 정부의 중요 직위를 유지하면서 종교의 자유에 대한 칙령의 법적 절차를 방해하였다. 그리고 루돌프 2세도 무력에 의한 반전의 기회를 노리고 있었다. 1611년 사촌인 레오폴드 군대의 도움으로 체코 땅을 정복하고 마티아스 반군을 제압하려 했으나 미비한 준비와 귀족들의 저항으로 무산되고 말았다. 이로써 루돌프 2세는 체코 왕위와 로마 황제의 자리에서 퇴위되고, 마티아스(MATHIAS, 1611~1619)가 그 자리에 오르게 된다.

제국의 수도는 다시 비엔나로 돌아가게 되었고, 합스부르크의 패권을 유지하려는 시도는 계속되었다. 후손이 없던 마티아스의 후계자로 합스부르크가의 대공들이 부상하였으나 체코의 귀족들은 가톨릭 성향 때문에 꺼려 하는 상황이었다. 그러나 그 반대의 움직임에도 페르디난트 대공이 후보로 결정되었다. 1617년 프라하 의회는 그를 후계자로 받아들였다. 반대 세력을 누른 합스부르크 왕가는 비가톨릭에 대한 탄압과 교회 폐쇄를 계속했다.

이에 반대 세력은 프라하에 집결하여 종교의 자유에 대한 칙령을 위배한 것에 대하여 국왕에 항의하였으나 마티아스 왕은 집회를 금지하였고 체코 귀족들은 무력 항쟁에 의지했다. 1618년 5월 집회에서 일련의 체코 귀족들이 프라 성으로 찾아가 항의 농성을 전개하는 중에 왕

---

66) 권재일(1995), 앞의 책, pp.97-100.

실 대표들을 창문 밖으로 내던지는 이른바 '제2의 창문 밖 투척 사건'
이 발생하였고, 이것이 반 합스부르크 항쟁의 신호가 되었다. 프리드리
히는 조공을 바치는 오스만에 지원을 요청하여 사신들이 도착하였지
만, 그들은 섭정관들이 내던져진 창문을 구경하는 것이 주요 관심이
었다.

 곧 30인의 대표들이 혁명 집정부를 구성하였고 정부를 장악했다. 이
들의 반합스부르크 항쟁은 1620년까지 계속된다. 집정부는 대귀족, 소
귀족, 도시 대표들로 구성되어 있지만 실제로는 대귀족이 주도했다. 보
헤미아 귀족들이 주도한 반 합스부르크 항쟁에 모라비아, 실레시아, 루
사티아는 물론이고 헝가리의 반합스부르크 세력까지 가담하게 되었다.
마티아스 사후에 페르디난트 2세가 왕위를 계승하자 체코의 귀족들은
23세 칼뱅의 선제후 프리드리히를 체코 국왕으로 선출하였다. 체코 항
쟁군은 귀족들이 소극적으로 나와 전력이 저하되었고, 혁명정부 내 대
귀족의 독주로 전쟁에 집중하지 않았다. 반면에 황제군은 개전 초부터
체코의 남부를 점령하고 프라하로 압박해 들어왔다. 농민들은 황제군
과 항쟁군 사이에 수탈을 당하는 상황에 이르렀다.

 1620년 11월 8일 프라하 근교의 구릉지대 빌라호라(흰 산이라는 뜻)에
체코의 항쟁군 2만과 2만 8천의 황제군이 맞붙었다. 결과는 항쟁군인
귀족 군대의 참패였다. 이로써 프리드리히는 패주하였고, '겨울 왕'이
라 불리게 되었다. 승리한 합스부르크 왕가는 체코 항쟁군을 징벌하면
서 재산 몰수, 추방, 개종 등을 행하였고, 1621년 6월 21일에 프라하

구시가지 광장에서 27명의 항쟁군 지도자를 처형하였다. 체코 귀족은 몰락하였고 체코 왕국은 합스부르크 절대 군주에 편입되어 세습되며 1918년 독립할 때까지 300년간 오스트리아의 지배를 받고 말았다.[67]

---

67) 권재일(1995), 앞의 책, pp.101.-104.

종교전쟁 30년

체코 땅에서 시작된 30년 전쟁(1618~1648)은 유럽 전역으로 퍼지면서 정치적 종교적 양상을 띠었다. 빌라호라 전투로 체코는 이미 합스부르크의 가톨릭 지배하에 들어갔지만 프로테스탄트 대공들의 저항은 계속되었다. 반군들이 처형되고 체코 귀족들은 재산 몰수와 추방을 당했다. 프라하 대학을 접수한 제수이트 교도들에 의한 가톨릭 교육이 강요되고 군대를 동반한 선교 활동이 조직되었다. 1624년에는 미가톨릭 성직자들 모두가 추방되고, 3년 후에는 개종하지 않은 모든 귀족과 도시 공민들까지 추방되었다.

이렇게 되자 1625년 덴마크와 노르웨이가 영국, 네덜란드, 프랑스, 저지 색스니 지지하에 합스부르크 군대를 공격했다. 이에 페르디난트 2세는 막강한 사병을 보유한 체코 귀족 발트슈테인(ALBRECHT VALDŠTRJNA)의 도움을 받아 격퇴하였다. 1627년 합스부르크는 개정된 헌법을 공포하였다. 이로 인해 모든 비가톨릭 교도들은 체코 땅을 떠나야 했고, 농민들은 무조건 개종해야 했다. 합스부르크가는 왕위 세습권을 가지고, 의회(Diet)는 성직자 신분이 주도하고, 모든 곳에 독일어가 쓰일 수 있도록 독일어와 체코어의 동등한 자격을 규정했다.

1630년 스웨덴 왕은 프로테스탄트교의 보호를 명분으로 독일 북부를 통해 체코로 진격해 들어왔다. 스웨덴 군대에는 망명 체코인들이 조국 해방이라는 희망을 안고 싸우고 있었고, 네덜란드와 프랑스, 러시아의 지원을 받고 있었다. 색스니도 가담한 연합 군대는 독일과 체코의 대부분을 장악하였다. 이에 다급한 페르디난트 2세는 발트슈테인에 의지하였다. 그는 색스니 군대를 물리치고 스웨덴과의 전투를 막 상막하로 이끌면서도 그들과 비밀 협상을 전개시켜 황제군과 적군 사이에 양쪽에서 불신을 받게 되었다. 결국은 황제의 명령으로 부하들에게 살해되고 만다.

발트슈테인의 죽음 이후에 대대적인 재산 몰수가 일어나고 몰수된 재산은 합스부르크가에 봉사한 외국 귀족에게 주어졌다. 1948년 30년 전쟁이 끝날 무렵에는 체코 귀족들의 영지 절반이 외국 출신으로 넘어갔다. 체코 귀족의 몰락으로 체코 땅을 주도해 갈 정치적 문화적 세력은 몰락하게 되었다. 전쟁으로 영토의 손실은 물론 체코 왕국 인구의 3분의 1이 감소했다. 보헤미아의 1/5, 모라비아의 1/4에 해당하는 땅이 황폐화되었다. 무엇보다 체코 귀족과 도시 공민들의 1/3을 잃게 되면서 체코 민족을 지탱할 지식 엘리트와 정치 엘리트의 상실이 막대하였다.

틴 성당

틴 성당은 구시청사 맞은 편에 있고, 두 개의 멋진 첨탑이 인상적이다. 밤에 보면 더욱 이색적이다. 화려한 첨탑의 외관은 고딕 양식으로 내부에서는 클래식 연주회가 열리기도 한다. 작은 탑 주위에 80m의 쌍둥이 탑이 프라하 어디에서도 눈에 띄지만, 이 탑들 사이에 후스파를 상징하는 황금 성배가 있었다고 한다. 그러나 1621년 가톨릭 성당으로 바뀌면서 황금 성배는 녹여서 마리아 후광을 만들었다. 성당 안에는 성모 승천화, 파이프오르간, 아름다운 바로크식 석조 설교단, 천문학자 티코 프라헤의 무덤이 있다.

바츨라프 광장

　바츨라프 광장은 1968년 '프라하의 봄', 자유를 갈구하던 체코슬로
바키아의 시민들이 거리로 나와 자유를 외치던 곳이다. 당시 소련군에
의한 침공으로 수많은 희생자가 있었고, 1989년에 하벨이 이끈 '벨벳
혁명(Velvet Revolution)'으로 공산주의는 무너졌다. 비단 혁명이라고도
하는 이 혁명으로 체코슬로바키아는 전체주의 체제에서 민주주의 체
제로 바뀌었고, 체코와 슬로바키아로 분리되었다. 지금은 넓은 대로와
상가, 백화점, 은행, 카페 등이 들어서 번화한 곳으로 신시가지의 모습
을 갖춘 곳이다.

하벨 시장 입구

시장 내부

존 레논 벽과 「Imagine」

 체코의 학생과 시민들이 자유를 갈망하며 벽에 소망을 담은 낙서를 했고, 이것이 관광 코스가 되었다. 존 레논의 「이매진(imagin)」은 당시의 시대상을 반영한 가사로 인류가 싸움 없이 평화롭고 행복한 삶을 바라는 내용이 담겨있다. 천주교 성당과 광장을 구분하기 위해 만들어졌던 벽에 체코의 화가들이 존 레논을 추모하는 초상화와 그림을 그리기 시작하였다. 이후 후사크 공산 정권에 저항하는 낙서가 쓰이기 시작했고, 민주화 운동의 집결소가 되었다. 1989년 4월 학생과 시민들은 공산 정권과 소련의 철수를 요구하며 저항하였다. 후사크 정권은 이 벽을 철거하려 했으나 실패했고, 시민들은 이 벽에서부터 바츨라프 광장까지 인간 띠와 촛불집회를 하며 공산 정권에 반대하는 시위를 이어 나갔다. 민주화가 이룩된 이후 당시의 구호와 낙서들은 지워졌고, 이곳에 비틀즈를 추모하며 전쟁을 종식시키고 평화를 갈망하는 문구들이 나타나기 시작하면서 세계적인 관광 코스가 되어 사람들을 끌어들이고 있다. 사람들은 이곳에서 자유롭게 음악을 연주하고 사진도 찍으며, 바로 옆에는 존 레논 이름을 딴 카페와 음식점도 있다.

 "천국이 없다고 상상해 보세요. 지옥도 없습니다. 우리 위에는 하늘 뿐입니다. 죽일 것도, 죽을 것도 없습니다. 종교도 없습니다. 평화롭게 살고 있는 사람들 모두를 상상해 보세요. 세상은 하나가 될 것입니다. 소유물이 없다고 상상해 보세요. 욕심이나 배고픔이 필요 없습니다. 인류가 하나의 형제 같은 모든 세상을 함께 공유하는… 그러면 세상은 하나로 살 것입니다."

존 레논 벽

존 레논의 얼굴이 그려진 레스토랑

Imagine

Imagine   John Lennon(존 레논)

Imagine there's no heaven
It's easy if you try
No hell below us
Above us, only sky

천국이 없다고 상상해 보세요
당신이 하려고 하면 쉽습니다
우리 밑에 지옥은 없어요
우리 위에는 하늘뿐입니다

Imagine all the people
Livin' for today
Ah

사람들 모두를 상상해 보세요
오늘날 살고 있는,
아~

Imagine there's no countries
It isn't hard to do
Nothing to kill or die for
And no religion, too

나라가 없다고 상상해 보세요
하는 일이 어렵지 않습니다
죽일 것도 죽을 것도 없습니다
그리고 종교도 없습니다

Imagine all the people
Livin' life in peace
You

사람들 모두를 상상해 보세요
평화롭게 살고 있는,
당신

You may say I'm a dreamer
But I'm not the only one
I hope someday you'll join us
And the world will be as one

당신은 내가 몽상가라고 말할지도 모릅니다
하지만 나만은 아닙니다
언젠가는 당신이 우리와 함께하길 바랍니다
그러면 세상은 하나가 될 것입니다

Imagine no possessions
I wonder if you can

소유물이 없다고 상상해 보세요
당신이 할 수 있을지 모르지만,

No need for greed or hunger
A brotherhood of man
Imagine all the people
Sharing all the world
You

욕심이나 배고픔이 필요 없습니다
인류가 하나의 형제 같은
사람들 모두를 상상해 보세요
모든 세상을 함께 공유하는,
당신

You may say I'm a dreamer
But I'm not the only one
I hope someday you'll join us
And the world will live as one

당신은 내가 몽상가라고 말할지도 모릅니다
하지만 나만은 아닙니다
언젠가는 당신이 우리와 함께하길 바랍니다
그러면 세상은 하나로 살 것입니다

체스키 크룸로프(Ceský Krumlov)

인구 1만 5천의 작은 도시 체스키 크룸로프는 체코 남부 보헤미아에 위치한다. 1240년 비테크 가문이 절벽 위에 성을 쌓으면서 시작되었다. 이 가문은 오스트리아와 독일 바이에른주 이주민들이 모여 살았는데, 이곳에서 은광이 발견되면서 막대한 부를 축적하고 누렸다. 그러나 후손이 끊기자 친척인 로젠베르크 가문에 도시를 물려주게 된다. 이후 이 가문이 체스키 크룸로프에서 전성기를 맞고 이 도시를 300여 년간 다스린다. 로젠베르크 가문은 체코 서부, 보헤미아에서

가장 교양과 품위가 높은 명문가였다. 이 가문은 수공업과 상업으로 부와 문화, 예술을 발전시켰다. 20세기 이후 유럽의 많은 예술가가 이곳을 찾으면서 이곳은 인기 있는 관광지 중의 하나가 되었다.

이 광범위하고 예술적으로 귀중한 궁전 단지는 프라하 성 다음으로 체코에서 두 번째로 큰 궁전 단지다. 16세기에 루돌프 2세 황제의 궁정에서 인본주의자, 학자 및 영향력 있는 정치인이자 폴란드 왕좌 후보인 Rožmberk(Rosenberg)의 Vilém 아래 있을 때 가장 큰 전성기였다. 그는 이탈리아의 르네상스 정신에 매료되어 조상의 성을 아름다운 주거용 성으로 재건했다. 그리고 3세기 동안 강력한 Rožmberk 가문은 이곳뿐만 아니라 성 아랫마을과 남부 보헤미아의 거의 모든 마을의 운명과 건축에 영향을 미쳤다. 그들의 부는 엄청났지만 값비싼 르네상스 재건과 호화로운 생활 방식으로 부채와 침체를 초래하였다. 18세기에 와서 슈바르첸베르크(Schwarzenberg) 왕자 요제프 아담(Josef Adam)에 의해 새로운 부흥이 이루어진다. 그는 그 당시 비엔나에 있는 황제의 거주지의 화려함과 경쟁할 수 있는 광범위한 재건에 착수했다.

이 성은 산책과 사색을 하기 좋은 곳이다. 동굴 같은 입구와 절벽, 골목길을 따라 오르면 블타바 강물이 끼고 흐르는 붉은 지붕의 도시를 한눈에 볼 수 있다.

성으로 들어오는 길

성안에 만들어진 주거 단지

스보르노스티 광장

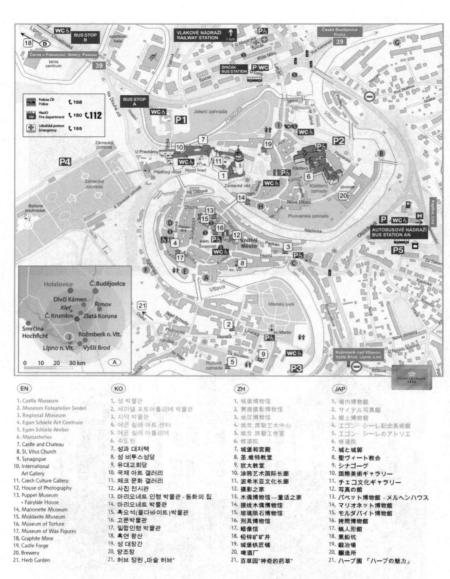

https://www.ckrumlov.info/

EN
1. Castle Museum
2. Museum Fotoatelier Seidel
3. Regional Museum
4. Egon Schiele Art Centrum
5. Egon Schiele Atelier
6. Monasteries
7. Castle and Chateau
8. St. Vitus Church
9. Synagogue
10. International Art Gallery
11. Czech Culture Gallery
12. House of Photography
13. Puppet Museum - Fairytale House
14. Marionette Museum
15. Moldavite Museum
16. Museum of Torture
17. Museum of Wax Figures
18. Graphite Mine
19. Castle Forge
20. Brewery
21. Herb Garden

KO
1. 성 박물관
2. 세이델 포토아틀리에 박물관
3. 지역 박물관
4. 에곤 쉴레 아트 센터
5. 에곤 쉴레 아뜰리에
6. 수도원
7. 성과 대저택
8. 성 비투스성당
9. 유대교회당
10. 국제 아트 갤러리
11. 체코 문화 갤러리
12. 사진 전시관
13. 마리오네트 인형 박물관 - 동화의 집
14. 마리오네트 박물관
15. 흑요석(몰다바이트)박물관
16. 고문박물관
17. 밀랍인형 박물관
18. 흑연 광산
19. 성 대장간
20. 양조장
21. 허브 정원 „마술 허브"

ZH
1. 城堡博物馆
2. 赛德摄影博物馆
3. 地区博物馆
4. 埃贡·席勒艺术中心
5. 埃贡·席勒工作室
6. 修道院
7. 城堡和宫殿
8. 圣·维特教堂
9. 犹太教堂
10. 涂鸦艺术国际长廊
11. 波希米亚文化长廊
12. 摄影之家
13. 木偶博物馆—童话之家
14. 提线木偶博物馆
15. 玻璃陨石博物馆
16. 刑具博物馆
17. 蜡像馆
18. 铅锌矿矿井
19. 城堡铁匠铺
20. 啤酒厂
21. 百草园„神奇的药草"

JAP
1. 場内博物館
2. サイテル写真館
3. 郷土博物館
4. エゴン・シーレ記念美術館
5. エゴン・シーレのアトリエ
6. 修道院
7. 城と城郭
8. 聖ヴィート教会
9. シナゴーグ
10. 国際美術ギャラリー
11. チェコ文化ギャラリー
12. 写真の館
13. パペット博物館 - メルヘンハウス
14. マリオネット博物館
15. モルダバイト博物館
16. 拷問博物館
17. 楓人形館
18. 黒鉛坑
19. 鍛冶場
20. 醸造所
21. ハーブ園 「ハーブの魅力」

에곤 실레

✎ 전시관 Egon Schiele Art Centrum

격렬하고 거친 선으로 묘사된 자화상, 뭔가 불만에 차고 부정하는 듯한 찡그린 자화상의 모습과 그림[68]에서 에곤 실레의 삶과 고민을 유추해 볼 수 있다.

에곤 실레

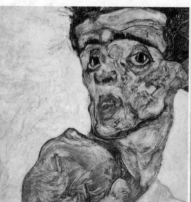

「자화상」, 1912

「자화상」, 1910

Egon Schiele(1890~1918)의 전시관에서는 그의 삶과 작품에 관한 그림, 그래픽, 편지, 수십 장의 사진과 함께 Schiele의 조상 계보, Krumlov에서의 체류 문서 및 그의 작품 모티프를 전시한다. 동시에 현대 예

「아버지와 아들」, 1913

---

68) 라인하이트 슈나이더(2005),「에곤 실레」, 양영란 역, 서울: 마로니에북스

술가들의 전시회도 열린다. 에곤 실레의 작품과 삶에 대한 상설 전시회 외에도 이 갤러리는 3,000㎡의 면적에서 20세기와 21세기의 고전 및 현대미술의 계절별 전시회를 연다. 갤러리 단지에는 광범위한 박물관 상점과 카페도 있다. 1993년에 개장한 이래 Egon Schiele Art Centrum은 국제적으로 인정받고 있다.

에곤 실레 전시관

전시관 내부

에곤 실레의 집

에곤 실레의 가든 스튜디오

에곤 실레(Egon Schiele, 1890~1918)는 오스트리아 북동부에 있는 Tulln에서 1890년에 태어났다. 그의 아버지 Tulln은 역장이었으며, 어머니는 남부 보헤미아에 있는 Krumlov(Kramau) 출생의 체코인이었다. 그래서 지금도 에곤 실레의 박물관이나 전시관이 오스트리아에 있다. 그러나 비엔나를 떠나 어머니의 고향인 체코의 크룸로프에서 21세 때 예술 활동을 하며 보낸 적이 있기 때문에 체코에도 실레를 기념하는 전시관이 있다.

에곤 실레는 표현주의 화가로 구스타프 클림트와 오스카 코코 슈카와 함께 오스트리아 툴른에서 태어난 모더니즘 시각예술가 중 한 명이다. 한때 체코의 강변에서 작품 활동을 했는데, 계단식 경사면에 17세기에 지어진 주택에서 살았다. 1911년 에곤 실레가 살면서 활동했던 이 집은 블타바강 남쪽에 있다. 테라스가 있고 정원이 있으며, 여름철에는 매일 11:00~19:00에 오픈한다.

에곤 실레는 개성적이고 과감하고 에로틱한 그림을 그린 화가 중의 하나다. 조금 충격적이고 도발적인 화폭을 남긴 그는 어머니의 고향인 체스키 크룸로프에서 감수성을 키웠다. 1910년 실레와 그의 친구 에르빈 오젠은 남부 보헤미아에 작업실을 구했다. 그가 친구 안톤 페슈카에게 보낸 편지에 체스키 크룸로프(크루마우)의 풍경을 상상할 수 있다.

"나는 빈을 떠나고 싶다네. 도시는 어두컴컴하고 모든 것이 기계적이지. 난 보헤미아의 숲으로 가고 싶어. 5월, 6월, 7월, 8월, 9월, 10월. 난 새로운 것을 보고 싶어. 깊은 샘물을 맛보고 싶고, 나무와 바람이 맞부딪치는 소리를 듣고 싶다네. 나뭇잎들이 떨리는 소리를 듣고 싶고, 태양과 빛을 즐기고 저녁이면 촉촉이 젖어드는 녹색의 골짜기를 바라보며 금붕어들이 금비늘을 반짝거리며 노는 모습을 보고 싶네. 사람들의 분홍빛 살결과 초록 풀, 교회들을 바라보고 작은 교회당들이 재잘거리는 소리를 듣고 싶어. 들판을 지나 초원을 멈추지 않고 달려 따사로운 습지대의 풀꽃 향기를 맡아보려네."[69]

---

69) 라인하이트 슈나이더(2005), 「에곤 실레」, 양영란 역, 서울: 마로니에북스, p.37.

「자화상」, 1910

「크루마우의 풍경」, 1916

에곤 실레의 「자화상」과 「크루마우의 풍경」, 마을이 생동감이 있고 집의 문이 거의 열려있다.

Schiele는 이 집을 임대하여 사용했으며 여러 번 수리를 했다. 당시 소유주인 섬유상 Max Tschunk의 도움 덕분에 Schiele는 빨간 머리 여자 친구이자 모델인 Wally Neuzil과 함께 무료로 살 수 있었다. 여름에는 화초와 꽃으로 가득한 테라스가 있어 좋아했고, 이곳에서 많은 일을 생각했다. 아이들, 노인, 은퇴한 군인 및 어린 소녀들이 찾아 왔다. 그는 나무 패널에 유화로 「Krumlov」 모티프를 그렸다. 이것이 유명한 그림, 블루 리버의 마을, 죽은 마을, 나이트 크룸로프 또는 크룸로프의 지붕이다. 당시에 100크라운 가격으로 「Krumlov」 그림을 사려 하지 않았다. Schiele가 1911년에 일하고 살았던 방은 대중에게 공개된다. 그의 유명한 크룸로프 그림이 만들어진 아트스위트, 세계적으로 유명한 화가가 일한 곳에서 잠시 앉아 인접한 테라스에서 맛있는 커피 한 잔이나 와인 한 잔과 함께 휴식을 취할 수 있다. 이 장소는 아름답고 작은 포도원이 있는 꽃 테라스의 분위기를 느낄 수 있고, 1층에는 테라스가 있다. 가까운 곳에 장미 정원과 건물 주변에 고급 커피나 와인, 작은 간식, 좌석이 있는 스낵바가 있다.

카를로비 바리

 체코의 카를로비 바리, 이 온천 도시는 입구에서부터 인위적으로 만들어졌다는 게 느껴진다. 온천수에 몸을 담그고 사우나를 하기보다는 물을 마시는 곳이다. 이때 손잡이 부분이 빨대 역할을 하는 독특한 도자기 컵을 이용한다. 이 온천은 독일 국경 근처에 있는데, 카를 4세가 발견하였다고 한다.

카를로비 바리 거리 풍경

음수 용기 앞

음수 용기 뒤

음수용 도자기의 위 면에 구멍이 나있어 이곳으로 온천수를 받아 마신다. 고양이 꼬리에 "카를로비 바리(Karlovy Vary)"라는 문구가 새겨져 있다.

온천 분수

음수용 온천수

온천수를 먹는 다양한 용기

온천수를 받을 수 있는 꼭지

종교의 자유를 위한 전쟁의 중심지에서

체코에서 점화된 30년 전쟁은 유럽에서 로마 가톨릭 교회를 지지하는 국가들과 프로테스탄트교회(개신교)를 지지하는 국가들 사이에서 벌어진 종교전쟁이다. 유럽뿐만 아니라 인류의 전쟁사에서 가장 잔혹하고 사망자가 많은 전쟁 중 하나였으며, 사망자 수는 800만 명이었다.[70]

정치적으로는 전제군주정에 대한 반발이었고, 신성로마 제국과 이를 반대하는 제후국 간의 전쟁이었으며, 합스부르크 가문과 여기에 지배를 받는 민족 간의 대결이었다. 전쟁은 새로 선출된 신성로마 제국 황제 페르디난트 2세가 그의 영토에서 로마 가톨릭을 그의 국민들에게 강요함으로써 시작되었고, 이에 분노한 개신교 제후들이 동맹을 결성하여 반대한 싸움이었다.

17세기에 종교적 믿음과 실천은 그들이 충성하는 제후나 왕의 종교와 밀접한 연관성을 지녔다. 페르디난트 2세는 그의 이전 황제였던 루돌프 2세에 비해 독실한 로마 가톨릭 신자였고, 이것이 친로마 가톨릭 성향의 강한 정책으로 나타났다. 페르디난트는 11세 때 예수회 기숙학교에 보내졌고, 그 소속 교사들의 영향을 받아 가톨릭 교회에 헌신하는 사람으로 성장했다. 그는 그리스도가 유년기를 보낸 산타 카사 교회의 제단 앞에서 아버지의 유업을 이어받고 이단 척결을 맹세

---

70) 위키백과(https://ko.wikipedia.org/wiki/)에서 참고함.

했다고 전해진다. 그는 아버지가 선도했던 박해 정책을 재개하여 도심의 루터파 설교자들을 내쫓고 그들이 세운 학교를 폐쇄했다. 당시 귀족들은 개신교를 신봉할 권리가 있다고 주장했지만 그들의 불평을 무시했고, 무력이 뒷받침된 개혁위원회를 파견했다. 그는 불만 많은 의회를 상대할 때 로마법에 근거하여 '자신의 의지에 따라서' 원하는 대로 행동할 수 있는 통치자의 권리를 강조했다. 그는 개신교를 근절하고 싶어 했고, 이와 관련해서 '자신의 의지'에 따라서 행동했다.[71]

이는 과거 오스트리아 지역에 있던 개신교 국가인 보헤미아 왕국이 반란을 일으키는 계기가 되었고, 이들은 합스부르크 가문에 반대해 프리드리히 5세 폰 팔츠 선제후를 그들의 황제로 선출했다. 프리드리히 5세는 왕위를 제후동맹의 승인 없이 받아들였다. 이에 로마 가톨릭이 대부분이었던 남부의 제후국이 이에 반대하여 바이에른 선제후를 중심으로 황제를 지지하는 가톨릭 제후연맹을 결성했다. 보헤미아에서 로마 가톨릭군의 잔학 행위가 이어지자 작센 선제후국이 마침내 개신교 제후동맹에 지지를 표하며 이들과 함께 싸웠다. 같은 합스부르크 가문이었던 스페인이 신성로마 제국을 지지하며 전쟁에 참여하자, 이에 저항해 개신교 국가들이 신성로마 제국에 대항하는 전쟁에 들어왔다. 1635년부터는 로마 가톨릭 국가인 프랑스 왕국도 스웨덴 제국 및 오스만 제국과 동맹을 맺고 개신교 편으로 참전했다.

30년 전쟁은 독일 전역을 기근과 질병으로 파괴했다. 특히 보헤미

---

71) 마틴 래디(2022),「합스부르크 세계를 지배하다」, 박수철 역, 서울: 까치, pp.205.-210.

아 왕국과 남부 네덜란드 및 독일과 이탈리아에 위치한 국가들의 인구가 급감했다. 용병과 병사들 모두 기여금을 받기 위해 공헌을 위장하거나 마을을 약탈했으며, 점령당한 영토 거주민들은 생활고에 시달렸다. 1648년 30년 전쟁이 끝날 무렵에는 체코 귀족들의 영지 절반이 외국 출신으로 넘어갔다. 체코 귀족의 몰락으로 체코 땅을 주도해 갈 정치적 문화적 세력은 몰락하게 되었다. 전쟁으로 영토의 손실은 물론 체코 왕국 인구의 3분의 1이 감소했다. 보헤미아와 모라비아의 땅 상당 부분이 황폐화되었다. 무엇보다 체코 귀족과 도시 공민들 대다수를 잃게 되어 체코 민족을 지탱할 지식 엘리트와 정치 엘리트의 상실이 막대하였다. 1648년 베스트팔렌 조약을 통해서 종교의 자유가 허용되면서 개신교 국가들이 로마 가톨릭 교회의 탄압에서 벗어나게 되었다.

체코 땅에서 일어난 종교전쟁은 권력자에 의해 강요된 개종과 탄압에서 기원한다. 교황의 권위에 의지해 나가던 합스부르크가와 이에 저항한 프로테스탄트 그리고 오갈 곳 없던 농민들의 불만이다. 종교의 자유를 억압받은 신교도들의 불만이 터져 나와 주변국으로 퍼지면서 30년간 분노와 싸움, 추방과 개종, 죽임과 죽음이 일어난 것이다. 이 전쟁을 되돌아보면서 존 레논 벽과 「Imagine」의 노래 가사가 떠올랐다. "천국이 없다고 상상해 보세요, 지옥도 없습니다. 위에는 하늘뿐, 죽일 것도 죽을 것도 없습니다. 종교도 없습니다. 평화롭게 살고 있는 사람들…. 세상은 하나가 될 것입니다".

인간의 한계에서 비롯된 무력함은 초월자인 신에 의지하게 되는 중간 다리와 같은 종교를 낳았다. 정화수를 떠 놓고 절대자에 기원하거나 마을 어귀 서낭당에서 제를 올리는 의식은 차마고도 티베트 지역 까마득한 설산의 고개를 넘으면서 천을 묶고 색지를 뿌리는 사람들의 마음과 같다. 비바람과 추위, 가뭄과 한발, 태풍과 같은 불가항력적인 자연현상과 죽음에 이르는 인간은 나약했고 무엇인가 초월적인 힘에 의해 다가올 위험과 재앙을 예방하고자 했다. 마법과 같은 주술에서 큰 바위와 산, 나무, 동물에 부여했던 절대적 초월적 힘이 교회, 사찰, 모스크, 사원 등으로 바뀌어 투사되었다. 초월적인 힘을 가진 절대자에 의한 전지전능한 힘이 있다면 전쟁도 죽음도 없는 평화로운 이상향이 되겠지만, 세상은 오직 사람의 노력에 의해서만 길을 만들도록 하였다.

체코 마을

참고 문헌 및 자료

1. 튀르키예

김정원(2017), 터키의 지리적 환경과 역사 및 주요 유적 도시 고찰, 한국사진 지리학회지 제27권 제2호

실럿 맥퍼스(2017),『터키』, 박수철 역, 서울: 시그마북스

오가사와라히로유키(2020),『오스만제국 찬란한 600년의 기록』, 노경아 역, 서울: 까치글방

유재원(2010),『터키, 1만 년의 시간여행』, 서울: 성안당

이민화(2010),『스마트코리아로 가는 길 유라시안 네트워크』, 서울: 새물결

이희수(1993),『터키사』, 서울: 대한교과서주식회사

이희수(2016),『터키 박물관 산책』, 파주: 도서출판 푸른숲

이희철(2005),『이스탄불 세계사의 축소판, 인류문명의 박물관』, 서울: 도서출판 리수

임종대(2013),『오스트리아의 역사와 문화1』, 서울: 유로서적

정보상(2017),『유럽여행 베스트 123』, 서울: 상생출판

성 소피아성당 홈페이지, https://www.hagiasophia.com/

아브라함의 역사와 고고학 홈페이지, https://madainproject.com/

이스탄불 고고학박물관 홈페이지, https://muze.gen.tr/muze-detay/arkeoloji

이스탄불 예술박물관 홈페이지, https://muze.gen.tr/muze-detay/tiem

톱카프 궁전박물관 홈페이지, https://muze.gen.tr/muze-detay/topkapi

튀르키예 문화관광부 페이스북, https://www.facebook.com/GoTurkiye.kr/

튀르키예 박물관 홈페이지, https://muze.gov.tr/

튀르키예 이스탄불박물관 홈페이지, https://muze.gen.tr/

2. 오스트리아

나카노교코(2022),『명화로 읽는 합스부르크 역사』, 이유라 역, 서울: 한경arte

니나 크랜젤(2007),『쿠스타프 크림트』, 엄양선 역, 서울: 예경

마틴 래디(2022),『합스부르크 세계를 지배하다』, 박수철 역, 서울: 까치글방

박현숙·황현희·박정은·유진선(2008),『프렌즈02 유럽』, 서울: 중앙북스(주)

㈜nsf삼성출판사(2000),『자신만만 세계여행 유럽』, 서울: ㈜삼성출판사

임종대(2014),『오스트리아의 역사와 문화』, 서울: 유로서적

멜크 수도원 홈페이지, https://www.stiftmelk.at/en/

오스트리아 관광청 페이스북, https://www.facebook.com/feelaustriaKR/

오스트리아 관광청, https://www.austria.info/kr

우만위키, https://tcatmon.com/wiki/

합스부르크 홈페이지, https://www.habsburger.net/

3. 슬로베니아

이성만(2017),『역사를 품은 발칸유럽 남동유럽의 재발견』, 서울: 신아사

블레드 성 홈페이지, https://www.bled.si/en/

슬로베니아 관광청 홈페이지, https://www.slovenia.info/en/

외교부 홈페이지, https://www.mofa.go.kr/

트래비 매거진, https://www.travie.com/

4. 크로아티아

김성진(1997), 『발칸 분쟁사』, 서울: 우리문화사

이성만(2017), 『역사를 품은 발칸유럽 남동유럽의 재발견』, 서울: 신아사

네이버블로그, https://blog.naver.com/PostView.naver?blogId=bada3347&logNo=221484475334

쇤부른 궁전 홈페이지, https://www.schoenbrunn.at/

슈테판 성당 홈페이지, https://www.stephanskirche.at/

씨씨 뮤지엄 홈페이지, https://www.sisimuseum-hofburg.at/

자그레브 관광청 홈페이지, https://www.infozagreb.hr/

주크로아티아 대한민국대사관 홈페이지, https://oversea.mofa.go.kr

크로아티아 관광청 홈페이지, https://croatia.hr/en-gb

5. 헝가리

브라이언 맥린·케스터 에디(2019), 『헝가리』, 박수철 역, 서울: 시그마북스

이상협(1996), 『헝가리사』, 서울: 대한교과서주식회사

(사)한국코다이협회, www.kodaly.or.kr

글루미 선데이 영화, cineaste.co.kr

티하니 홈페이지, http://www.tihanyinfo.com/

헝가리 관광청, https://visithungary.com/

6. 체코

권재일(1995), 『체코슬로바키아사』, 서울 : 대한교과서주식회사

라인하이트 슈나이더(2005), 『에곤 실레』, 양영란 역, 서울: 마로니에북스

마틴 래디(2022),『합스부르크 세계를 지배하다』, 박수철 역, 서울: 까치

성 비투스 성당 홈페이지, https://www.katedralasvatehovita.cz/

체스키 크룸로프 홈페이지, https://www.ckrumlov.info/

체코 관광청 홈페이지, https://www.visitczechia.com/ko-kr

체코 홈페이지, www.visitczechrepublic.com

7. 참고 자료 사이트

나무위키, https://namu.wiki/

네이버 지식백과, https://terms.naver.com/

네이버, https://naver.com/

브런치, https://brunch.co.kr/

위키백과, https://ko.wikipedia.org/wiki/

8. 사진 자료

https://pxhere.com

※ 사진의 대부분은 필자가 여행하면서 찍은 것이다. 단, 설명의 편의를 위해 일부는 해당 관광지의 홈페이지에서 혹은 사진을 무료로 제공하는 사이트에서 내려받았고 출처를 밝혔다.

인문학적 여행
이스탄불과 동유럽 5국

펴 낸 날 2024년 7월 1일

지 은 이 이화춘
펴 낸 이 이기성
기획편집 이지희, 윤가영, 서해주
표지디자인 이지희
책임마케팅 강보현, 김성욱
펴 낸 곳 도서출판 생각나눔
출판등록 제 2018-000288호
주　　소 경기 고양시 덕양구 청초로 66, 덕은리버워크 B동 1708호, 1709호
전　　화 02-325-5100
팩　　스 02-325-5101
홈페이지 www.생각나눔.kr
이 메 일 bookmain@think-book.com